电网企业员工安全等级培训系列教材

第二版

变电运维

国网浙江省电力有限公司　组编

中国电力出版社

CHINA ELECTRIC POWER PRESS

内 容 提 要

本书是"电网企业员工安全等级培训系列教材（第二版）"中的《变电运维》分册，全书共七章，包括基本安全要求、保证安全的组织措施和技术措施、作业项目安全风险管控、隐患排查治理、生产现场的安全设施、典型违章举例与事故案例分析、班组安全管理等内容，附录中给出了现场标准化作业指导书（卡）范例及现场应急处置方案范例。

本书是电网企业员工安全等级培训变电运维专业的专用教材，可作为变电运维岗位人员安全培训的辅助教材，宜采用《公共安全知识》分册加本专业分册配套使用的形式开展学习培训。

本书可供从事变电运维工作的专业技术人员和新员工安全等级培训使用。

图书在版编目（CIP）数据

变电运维/国网浙江省电力有限公司组编. —2 版. —北京：中国电力出版社，2022.1（2024.3重印）

电网企业员工安全等级培训系列教材

ISBN 978-7-5198-6420-0

Ⅰ. ①变… Ⅱ. ①国… Ⅲ. ①变电所–电力系统运行–技术培训–教材 Ⅳ. ①TM63

中国版本图书馆 CIP 数据核字（2022）第 005665 号

出版发行：中国电力出版社
地　　址：北京市东城区北京站西街 19 号（邮政编码 100005）
网　　址：http://www.cepp.sgcc.com.cn
责任编辑：刘丽平（010-63412342）
责任校对：黄　蓓　朱丽芳
装帧设计：赵姗姗
责任印制：石　雷

印　　刷：北京雁林吉兆印刷有限公司
版　　次：2016 年 6 月第一版　2022 年 1 月第二版
印　　次：2024 年 3 月北京第六次印刷
开　　本：710 毫米×1000 毫米　16 开本
印　　张：10.5
字　　数：169 千字
印　　数：6001—7000 册
定　　价：55.00 元

编写委员会

前　言

为贯彻落实国家安全生产法律法规（特别是新《安全生产法》）和国家电网公司关于安全生产的有关规定，适应安全教育培训工作的新形势和新要求，进一步提高电网企业生产岗位人员的安全技术水平，推进生产岗位人员安全等级培训和认证工作，国网浙江省电力有限公司在 2016 年出版的"电网企业员工安全技术等级培训系列教材"的基础上组织修编，形成"电网企业员工安全等级培训系列教材（第二版）"。

"电网企业员工安全等级培训系列教材（第二版）"包括《公共安全知识》分册和《变电检修》《电气试验》《变电运维》《输电线路》《输电线路带电作业》《继电保护》《电网调控》《自动化》《电力通信》《配电运检》《电力电缆》《配电带电作业》《电力营销》《变电一次安装》《变电二次安装》《线路架设》等专业分册。《公共安全知识》分册内容包括安全生产法律法规知识、安全生产管理知识、现场作业安全、作业工器（机）具知识、通用安全知识五个部分；各专业分册包括相应专业的基本安全要求、保证安全的组织措施和技术措施、作业项目安全风险管控、隐患排查治理、生产现场的安全设施、典型违章举例与事故案例分析、班组安全管理七个部分。

本系列教材为电网企业员工安全等级培训专用教材，也可作为生产岗位人员安全培训辅助教材，宜采用《公共安全知识》分册加专业分册配套使用的形式开展学习培训。

鉴于编者水平所限，不足之处在所难免，敬请读者批评指正。

编　者

2022 年 1 月

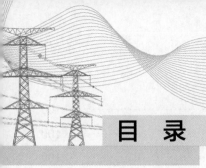

目 录

第一章

基 本 安 全 要 求

第一节 一 般 安 全 要 求

一、高压设备工作的安全要求

（1）运维人员应熟悉电气设备，单独值班人员或运维负责人还应有实际工作经验。

（2）高压设备符合下列条件者，可由单人值班或单人操作：

1）室内高压设备的隔离室设有遮栏，遮栏的高度在 1.7m 以上，安装牢固并加锁者。

2）室内高压断路器的操动机构用墙或金属板与该断路器隔离或装有远方操动机构（操作机构）者。

（3）换流站不允许单人值班或单人操作。

（4）无论高压设备是否带电，作业人员不得单独移开或越过遮栏进行工作；若有必要移开遮栏时，应有监护人在场，并符合表 1–1 的安全距离。

表 1–1　　　　　　　设备不停电时的安全距离

电压等级（kV）	安全距离（m）	电压等级（kV）	安全距离（m）
10 及以下（13.8）	0.70	1000	8.70
20、35	1.00	±50 及以下	1.50
66、110	1.50	±400	5.90
220	3.00	±500	6.00
330	4.00	±660	8.40
500	5.00	±800	9.30
750	7.20		

（5）10kV、20kV、35kV 户外（内）配电装置的裸露部分在跨越人行过道或作业区时，若导电部分对地高度分别小于 2.7m（2.5m）、2.8m（2.5m）、2.9m（2.6m），则该裸露部分两侧和底部应装设护网。

（6）户外 10kV 及以上高压配电装置场所的行车通道上，应根据表 1-2 设置行车安全限高标志。

表 1-2　车辆（包括装载物）外廓至无遮栏带电部分之间的安全距离

电压等级（kV）	安全距离（m）	电压等级（kV）	安全距离（m）
10	0.95	750	6.70
20	1.05	1000	8.25
35	1.15	±50 及以下	1.65
66	1.40	±400	5.45
110	1.65（1.75）*	±500	5.60
220	2.55	±660	8.00
330	3.25	±800	9.00
500	4.55		

* 括号内数字为 110kV 中性点不接地系统所使用。

（7）室内母线分段部分、母线交叉部分及部分停电检修易误碰有电设备的，应设有明显标志的永久性隔离挡板（护网）。

（8）待用间隔（母线连接排、引线已接上母线的备用间隔）应有名称、编号，并列入调度控制中心（调控中心）管辖范围。其隔离开关操作手柄、网门应加锁。

（9）在手车开关拉出后，应观察隔离挡板是否可靠封闭。封闭式组合电器引出电缆备用孔或母线的终端备用孔应用专用器具封闭。

（10）运行中的高压设备，其中性点接地系统的中性点应视作带电体，在运行中若必须进行中性点接地点断开的工作时，应先建立有效的旁路接地才可进行断开工作。

（11）换流站内，运行中高压直流系统直流场中性区域设备、站内临时接地极、接地极线路及接地极均应视为带电体。

（12）换流站阀厅未转检修前，应禁止人员进入作业（巡视通道除外）。

二、高压设备巡视的安全要求

（1）经本单位批准允许单独巡视高压设备的人员巡视高压设备时，不准进行其他工作，不准移开或越过遮栏。

（2）雷雨天气，需要巡视室外高压设备时应穿绝缘靴，且不准靠近避雷器和避雷针。

（3）发生地震、台风、洪水、泥石流等灾害时，禁止巡视灾害现场。灾害发生后，如需要对设备进行巡视，应制定必要的安全措施，得到设备运维管理单位（部门）分管领导批准，并至少两人一组，巡视人员应与派出部门之间保持通信联络。

（4）高压设备发生接地时，室内人员应距离故障点 4m 以外，室外人员应距离故障点 8m 以外。进入上述范围的人员应穿绝缘靴，接触设备的外壳和构架时应戴绝缘手套。

（5）巡视室内设备时，应随手关门。

（6）高压室的钥匙至少应有 3 把，由运维人员负责保管，按值移交。1 把专供紧急时使用；1 把专供运维人员使用；其他可以借给经批准的巡视高压设备人员和经批准的检修、施工队伍的工作负责人使用，但应登记签名，巡视或当日工作结束后交还。

三、倒闸操作的安全要求

1. 基本原则

（1）电气设备的倒闸操作应严格按照安规、调规、现场运行规程和本单位的补充规定等要求进行。

（2）倒闸操作应尽量避免在交接班、高峰负荷、异常运行和恶劣天气等情况时进行。

（3）对大型重要和复杂的倒闸操作，应组织操作人员进行讨论，由熟练的运维人员操作，运维负责人监护。

（4）操作票应根据调控指令和现场运行方式，参考典型操作票拟定。典型操作票应履行审批手续并及时修订。

（5）倒闸操作应有值班调控人员或运维负责人正式发布的指令，并使用经事先审核合格的操作票，按操作票填写顺序逐项操作。

（6）倒闸操作过程中严防发生下列误操作：

1）误分、误合断路器；

2）带负荷拉、合隔离开关或手车触头；

3）带电装设（合）接地线（接地刀闸）；

4）带接地线（接地刀闸）合断路器（隔离开关）；

5）误入带电间隔；

6）非同期并列；

7）误投退（插拔）压板（插把）、连接片、短路片，误切错定值区，误投退自动装置，误分合二次电源开关。

（7）操作中产生疑问时，应立即停止操作并向发令人报告，并禁止单人滞留在操作现场。查明原因无误后，待发令人再行许可后方可继续进行操作。不准擅自更改操作票，不准随意解除闭锁装置进行操作。

（8）倒闸操作过程若因故中断，在恢复操作时操作人员应重新核对设备名称、编号、设备状态，确认操作设备、操作步骤正确无误。

（9）断路器停、送电，严禁在就地机构上操作。

（10）雷电时，禁止进行就地倒闸操作。

（11）停、送电操作过程中，现场人员应远离瓷质、充油设备。

（12）倒闸操作应全过程录音，录音应归档管理。

（13）操作票应按月装订并及时进行三级审核，操作票至少保存 1 年。

（14）操作票印章使用规定如下：

1）操作票印章包括已执行、未执行、作废、合格、不合格。

2）操作票作废应在操作任务栏内右下角加盖"作废"章，在作废操作票备注栏内注明作废原因；调控通知作废的任务票应在操作任务栏内右下角加盖"作废"章，并在备注栏内注明作废时间、通知作废的调控人员姓名和受令人姓名。

3）若作废操作票含有多页，应在各页操作任务栏内右下角均加盖"作废"章，在作废操作票首页备注栏内注明作废原因，自第二张作废页开始可只在备注栏中注明"作废原因同上页"。

4）操作任务完成后，在操作票最后一步下边一行顶格居左加盖"已执行"章；若最后一步正好位于操作票的最后一行，在该操作步骤右侧加盖"已执行"章。

5）在操作票执行过程中因故中断操作，应在已操作完的步骤下边一行顶格居左加盖"已执行"章，并在备注栏内注明中断原因；若此操作票还有几页未执行，应在未执行的各页操作任务栏右下角加盖"未执行"章。

6）经检查票面正确的，评议人在操作票备注栏内右下角加盖"合格"评议章并签名；检查为错票的，在操作票备注栏内右下角加盖"不合格"评议章并签名，并在操作票备注栏说明原因。

7）一份操作票超过一页时，评议章盖在最后一页。

2. 倒闸操作程序

（1）操作准备。

1）根据调控人员的预令或操作预告等明确操作任务和停电范围，并做好分工。

2）拟定操作顺序，确定接地线装设位置、组数及应设的遮栏、标示牌。明确工作现场邻近带电部位，并制定相应措施。

3）考虑保护和自动装置方式调整、应断开的交直流电源及防止电压互感器、站用变压器二次反送电的措施。

4）分析操作过程中可能出现的危险点并采取相应措施。

5）检查操作所用的安全工器具、操作工具正常。安全工器具、操作工具包括防误装置电脑钥匙、录音设备、绝缘手套、绝缘靴、验电器、绝缘操作杆、接地线、对讲机、照明设备等。

6）监控后台当前运行方式与模拟图板、微机防误系统一致，防误闭锁装置正常。

（2）操作票填写。

1）倒闸操作票由操作人员根据值班调控人员或运维负责人安排填写。

2）操作步骤应根据操作任务、现场运行方式、工作票安全措施等要求，参照本站典型操作票内容进行填写。

3）操作票填写完成后，由操作人和监护人共同审核，复杂的倒闸操作经班组专业工程师或班长审核执行。

（3）接令。

1）应由上级批准的人员接受调控指令，接令时发令人和受令人应先互报单位和姓名。

2）接令时应随听随记，并记录在变电运维工作日志中；接令完毕，应将记录的全部内容向发令人复诵一遍，并得到发令人认可。

3）对调控指令有疑问时，应向发令人询问清楚无误后执行。

4）运维人员接受调控指令应全程录音。

（4）模拟预演。

1）模拟操作前应结合调控指令核对系统运行方式、设备名称、编号和状态。

2）模拟操作由监护人在模拟图（或微机防误装置、微机监控装置）上按操作顺序逐项下令，由操作人复令执行。

3）模拟操作后应再次核对新运行方式与调控指令相符。

4）由操作人和监护人共同核对操作票后分别签名。

（5）执行操作。

1）现场操作开始前，汇报相关监控人员，由监护人填写操作开始时间。

2）操作地点转移前，监护人应提示；转移过程中操作人在前，监护人在后；到达操作位置，应认真核对。

3）远方操作一次设备前，应对现场人员发出提示信号，提醒现场人员远离操作设备。

4）监护人唱诵操作内容，操作人用手指向被操作设备并复诵。

5）电脑钥匙开锁前，操作人应核对电脑钥匙上的操作内容与现场锁具名称编号一致，开锁后做好操作准备。

6）监护人确认无误后发出"正确、执行"动令，操作人立即进行操作。操作人和监护人应注视相应设备的动作过程或表计、信号装置。

7）监护人所站位置应能监视操作人的动作以及被操作设备的状态变化。

8）操作人、监护人共同核对接地线编号。

9）操作人验电前，在邻近相同电压等级带电设备测试验电器，确认验电器合格。验电器的伸缩式绝缘棒长度应拉足，手握在手柄处不得超过护环，人体与验电设备保持足够的安全距离。

10）操作人逐相验明确无电压后唱诵"×相无电"，监护人确认无误并唱诵"正确"后，操作人方可移开验电器。

11）当验明设备已无电压后，应立即将检修设备接地并三相短路。

12）每步操作完毕，监护人应核实操作结果，无误后立即在对应的操作步骤处打"√"。

13）全部操作结束后，操作人、监护人对操作票按操作顺序复查，仔细检查所有项目全部执行并已打"√"（逐项令逐项复查）。

14）检查监控后台与"五防"画面设备位置确实对应变位。

15）在操作票上填入操作结束时间，加盖"已执行"章。

16）向值班调控人员汇报操作情况。

17）操作完毕后将安全工器具、操作工具等归位。

18）将操作票、录音归档管理。

第二节　防止误操作安全要求

一、管理原则

防止电气误操作包括一次电气设备"五防"和二次设备防误。

1. 一次设备防误管理

（1）一次电气设备"五防"功能：

1）防止误分、误合断路器。

2）防止带负荷拉、合隔离开关或进、出手车。

3）防止带电挂（合）接地线（接地刀闸）。

4）防止带接地线（接地刀闸）合断路器、隔离开关。

5）防止误入带电间隔。

（2）防止电气误操作的"五防"功能除"防止误分、误合断路器"可采取提示性措施外，其余"四防"功能必须采取强制性防止电气误操作措施。强制性防止电气误操作措施是指在设备的电动操作控制回路中串联受闭锁回路控制的接点，在设备的手动操控部件上加装受闭锁回路控制的锁具，防误锁具的操作不得有走空程现象。

（3）在调控端配置防误功能时，应实现对受控站及关联站间的强制性闭锁。

（4）成套高压开关设备（含备用间隔）应具有机械联锁或电气闭锁；电气设备的电动或手动操作闸刀必须具有防止电气误操作的强制闭锁功能。

（5）防误系统主站与子站间、微机防误系统与监控系统间、智能防误系统与监控系统间的通信规约应统一，相关变电站的防误系统接口应满足规约要求。

（6）防误装置包括电气闭锁（含电磁锁）、机械闭锁、微机防误装置（系统）、监控防误系统、智能防误系统、就地防误装置、带电显示装置等。

电气闭锁（含电磁锁）是将断路器、隔离开关、接地刀闸、隔离网门等设备的辅助接点或测控装置防误输出接点接入电气设备控制电源或电磁锁的电源回路构成的闭锁。

机械闭锁是利用电气设备的机械联动部件对相应电气设备操作构成的闭锁，其一般由电气设备自身机械结构完成。

微机防误装置（系统）是采用独立的计算机系统、测控及通信等技术，组成高压电气设备及其附属装置防止电气误操作的系统，主要由防误主机、模拟终端、电脑钥匙、通信装置、机械编码锁、电气编码锁、接地锁和遥控闭锁装置等部件组成。

监控防误系统是利用测控装置及监控系统内置的防误逻辑规则，实时采集断路器、隔离开关、接地刀闸、接地线、网门、压板等一、二次设备状态信息，并结合电压、电流等模拟量进行判别的防误闭锁系统。

智能防误系统是一种用于高压电气设备及其附属装置防止电气误操作的系统，主要由智能防误主机、就地防误装置等部件组成。其中，智能防误主机具备顺控操作不同源防误校核功能，与监控主机内置防误逻辑形成双校核机制，具备解锁钥匙定向授权及管理监测、接地线状态实时采集等功能；就地防误装置具备就地操作防误闭锁功能。

就地防误装置是一种用于高压电气设备及其附属装置就地操作机构的防误装置，具备当顺控操作因故中止，切换到就地操作防误闭锁功能，具有统一的锁具接口和典型接线的防误逻辑规则库，主要由就地防误单元、电脑钥匙、编码锁、采集控制器、智能地线桩、智能地线头等部件组成。

带电显示装置是提供高压电气设备安装处主回路电压状态的信息，用以显示设备上带有运行电压的装置。对使用常规闭锁技术无法满足防止电气误操作要求的设备（如联络线、封闭式电气设备等），应采取加装带电显示装置等技术措施以达到防止电气误操作的要求。

2. 防止电气误操作装置的通用技术原则

（1）电气设备操作控制功能可按远方操作、站控层、间隔层、设备层的分层操作原则考虑，无论设备处在哪一层操作控制，都应具备防误闭锁功能。

（2）防误系统应具有覆盖全站电气设备及各类操作的"五防"闭锁功能，且"远方"和"就地"（包括就地手动）操作均具备防误闭锁功能。

（3）防误装置的结构应满足防尘、防蚀、不卡涩、防干扰、防异物开启和户外防水、耐高低温的要求。

（4）防误装置不得影响所配设备的操作要求，并与所配设备的操作位置相对应。防误装置应不影响断路器、隔离开关等设备的主要技术性能（如合闸时间、分闸时间、分合闸速度特性、操作传动方向角度等）。微机防误装置应不影响或干扰继电保护、自动装置及通信设备的正常工作。

（5）防误装置使用的直流电源应与继电保护控制回路的电源分开，防误主机的交流电源应是不间断供电电源。

（6）高压电气设备的防误装置应有专用的解锁工具（钥匙），防误系统对专用的解锁工具（钥匙）应具有管理和解锁监测功能。

3. 防止电气误操作装置的技术措施

（1）电气闭锁技术措施：

1）断路器、隔离开关和接地刀闸电气闭锁回路应直接使用断路器和隔离开关、接地刀闸等设备的辅助接点，严禁使用重动继电器。

2）接入闭锁回路中的辅助接点应满足可靠通断要求，辅助开关应满足响应一次设备状态转换的要求，电气接线应满足防止电气误操作的要求。

3）电磁锁应能可靠地锁死电气设备的操作机构，应采用间隙式原理，锁栓能自动复位。

（2）机械闭锁技术措施：

1）机械闭锁装置应能可靠锁死电气设备的传动机构。

2）应满足操作灵活、牢固和耐环境条件等使用要求。

（3）微机防误装置（系统）技术措施：

1）新投运的防误装置主机应具有实时对位功能，通过采集受控站电气设备的位置信号，实现防误装置主机与现场设备状态的一致性，主站远方遥控操作、就地操作实现"五防"强制闭锁功能。

2）应实现主站和厂站，厂站和厂站，厂站的站控层、间隔层、设备层强制闭锁功能，适用不同类型设备及各种运行方式的防误要求。

3）微机防误装置系统与监控系统应有统一、规范、稳定的接口。

4）应做好一次电气设备的有关信息备份，当信息变更时应及时更新备份，以满足防误装置发生故障时的恢复要求。

5）应制定系统主机数据库和口令权限管理办法，并设有在紧急情况下分层解锁程序和权限。

6）远方操作中使用的微机防误系统遥控闭锁控制装置必须具有远方遥控开锁和就地电脑钥匙开锁的双重功能。

（4）监控防误系统技术措施：

1）监控防误系统应具有完善的全站性防误闭锁功能。接入监控防误系统进行防误判别的断路器、隔离开关及接地刀闸等一次设备的位置信号，宜采用常开、常闭双位置接点接入。

2）应实现对受控站电气设备位置信号的实时采集，确保防误系统与现场设备状态一致。

3）应具有操作监护功能，以允许监护人员在操作员工作站上对操作实施监护。

4）应制定监控防误系统主机数据库和口令权限管理办法。

5）应满足对同一设备操作权的唯一性要求。

（5）智能防误系统技术措施：

1）智能防误系统应单独设置，与监控系统内置防误逻辑实现双套防误校核。

2）智能防误系统应具备顺控操作防误和就地操作防误功能。

3）智能防误主机应性能可靠，具备与智能变电站智能设备互联互通功能，符合国家或行业相关标准的规定。

（6）就地防误装置技术措施：

1）应具备高压电气设备及其附属装置就地操作机构的强制闭锁功能。

2）应具备当遥控、顺控操作因故中止时切换到就地操作防误闭锁的功能。

3）应具有统一的锁具接口和典型接线的防误逻辑规则库。

4）应具备接地线挂、拆状态实时采集功能。

5）锁具应具备分区、分级管理功能，在技术条件具备时还宜具有锁具操作记录功能，以实现锁具操作历史记录追溯功能。

（7）带电显示装置技术措施：

1）对采用间接验电的高压带电显示装置，在技术条件具备时应与防误装置连接，以实现接地操作时的强制性闭锁功能。

2）高压带电显示装置应设计合理、性能可靠、安装维护方便，符合国家或行业相关标准的规定。

3）应单独设置装置的工作电源。

4）高压带电显示装置应至少提供 2 个常开闭锁输出接点，接入"五防"闭锁回路，实现与接地刀闸或柜门（网门）的联锁。

5）宜在三相配置高压带电显示装置，并应具有自检功能。

4．二次设备防误管理

（1）二次设备防误应做到：

1）防止误碰、误动运行的二次设备；

2）防止误（漏）投或停继电保护及安全自动装置；

3）防止误整定、误设置继电保护及安全自动装置定值；

4）防止继电保护及安全自动装置操作顺序错误。

（2）二次设备屏柜及屏柜上装置、压板、切换端子、控制开关、信号指示等的命名和标识应规范，与运行规程和典型操作票一致。二次屏柜内不同单元的设备（包括继电器、接触器、端子排、压板、控制开关等）应合理布局，分区设置，不同单元之间宜采用醒目的线条、终端端子等予以隔离。

（3）继电保护和安全自动装置（含装置电源、二次回路、转换开关、压板等）检修应有明显指示，表示设备已退出运行。

（4）二次设备的重要按钮（装置重启、复位、电源等），在正常运行中应做好防误碰的安全措施，并在按钮旁贴有醒目的标签加以说明。

（5）变电站加装的二次设备位置指示或位置信息取样装置应经试验不影响设备的运行和使用，并取得入网许可。作为运行操作判据的安全措施可视化装置或二次安措校核系统用于变电站内时，应经试验并经运维人员验收合格。这些装置或系统应按运行设备进行管理，明确运维责任并制定相关管理制度，规范使用。

（6）智能变电站的二次信息应符合要求，二次设备状态和虚回路监视应规范统一。因装置原因无法将内部命名改为规范名称的，应编制对照表便于运维人员核对使用。

5．二次设备防误管理措施

（1）应根据调度规程中的设备状态定义，在运行规程上明确设备不同状态下各二次设备及相关交直流控制电源的投停状态，说明各压板、切换开关等的位置。

（2）现场专用运行规程对压板、电流端子、切换开关、二次开关、按钮、定值更改、插拔等继电保护操作，应制定正确操作要求和防止电气误操作措施。

（3）新设备投产前，应在现场专用运行规程中明确二次设备的操作步骤和顺序，或拟定典型操作票，并经审核发布。出现运行规程中没有的特殊运行方式调整或非典型操作任务操作时，使用的操作票应经运行专责人员（班长或专职工程师）审核。

（4）新设备投运前，应预先编制典型的二次工作安全措施票，并经审核批准发布。智能变电站应具备二次设备操作典型安全措施库。

（5）继电保护及安全自动装置（包括直流控保软件）的定值或 SCD、CID 文件等其他设定值的修改应按规定流程办理，不得擅自修改。现场应对不同类型保护制定二次设备定值更改的安全操作规定，定值调整后应在调整侧调用新定值清单并核对确认后做好记录。远方调整定值后，应立即通知现场运维人员做好记录。

6. 作业中的安全规定

（1）继电保护及安全自动装置的运行操作应填写操作票，以下内容应填入操作票：

1）改变一、二次设备状态的操作，包括合上、断开控制回路或电流电压回路的空气开关、熔断器、电流端子，切换保护回路和自动化装置（投退压板、插拔）及操作前后的检查项。

2）智能变电站投退继电保护装置、监控系统和智能终端的检修压板、软压板、硬压板及操作前后的检查项。

（2）在运行设备的二次回路上进行拆、接线工作，在对检修设备执行隔离措施时，需拆断、短接和恢复与运行设备有联系的二次回路工作，应填用二次工作安全措施票。二次工作安全措施按工作顺序填用，并在开工前完成填写并经审核批准。现场工作需要补充或更改二次安全措施应经班长或技术员审核批准、签发。以下内容应填入二次工作安全措施票：

1）检修开工时二次设备的状态，包括压板、操作把手、空气开关、定值区等的位置。

2）应投退的发送和接收软压板、出口压板、检修压板。

3）断开或恢复的交直流线、电流电压端子及信号线，断开或合上的交直流小开关、熔丝，拔出或插入的光纤。

4）调试过程中改变的装置跳线及其他设定插件或小开关等。

（3）二次设备检修后的传动试验应设置专责监护人，必要时由运维人员进行监护。

（4）二次操作或二次设备消缺处理过程中，应防止一次设备无保护运行。一次设备送电前，应检查继电保护及安全自动装置已按要求投入运行。

（5）发生二次设备通信中断导致防误闭锁逻辑无法正常工作时，不得对相关设备进行倒闸操作，如紧急情况下必须操作应按照防误装置解锁管理要求执行。

二、日常管理要求

（1）防误装置管理应纳入现场专用运行规程，明确技术要求、使用方法、定期检查、维护检修和巡视等内容。运维和检修单位（部门）应做好防误装置的基础管理工作，建立健全防误装置的基础资料、台账和图纸，做好防误装置的管理与统计分析，及时解决防误装置出现的问题。

（2）应有符合现场实际并经运维单位审批的防误规则表，防误系统应能将防误规则表或闭锁规则导出，打印核对并保存。

（3）防误闭锁装置不得随意退出运行。停用防误闭锁装置应经设备运维管理单位批准；短时间退出防误闭锁装置应经变电运维班（站）长或发电厂当班值长批准，并应按程序尽快投入运行。涉及防止电气误操作逻辑闭锁软件的更新升级（修改），应经运维管理单位批准。升级应结合该间隔断路器停运或做好遥控出口隔离措施，升级后应验证闭锁逻辑正确，并做好详细记录及备份。

（4）定期开展培训，调控、运维及检修等相关人员应按其职责熟悉相关防误装置及管理规定、实施细则，做到"四懂三会"（懂防误装置的原理、性能、结构和操作程序，会熟练操作、处缺和维护）。

第三节　应急处理安全要求

一、应急处理一般原则

（1）以人为本，减少危害。在做好企业自身突发事件应对处置的同时，切实履行社会责任，把保障人民群众和公司员工的生命财产安全作为首要任务，最大限度减少突发事件及其造成的人员伤亡和各类危害。

（2）居安思危，预防为主。坚持"安全第一、预防为主、综合治理"的方针，树立常备不懈的观念，增强忧患意识，防患于未然，预防与应急相结合，做好应对突发事件的各项准备工作。

（3）统一指挥，分级负责。落实党中央、国务院的部署，坚持政府主导，在国家电网公司党组的统一指挥下，按照综合协调、分类管理、分级负责、属地管理为主的要求，开展突发事件预防和处置工作。

（4）把握全局，突出重点。牢记企业宗旨，服务社会稳定大局，采取必要手段保证电网安全，通过灵活方式重点保障关系国计民生的重要客户、高危客户及人民群众基本生活用电。

（5）快速反应，协同应对。充分发挥国家电网公司集团化优势，建立健全"上下联动、区域协作"快速响应机制，加强与政府的沟通协作，整合内外部应急资源，协同开展突发事件处置工作。

（6）依靠科技，提高能力。加强突发事件预防、处置科学技术的研究和开发，采用先进的监测预警和应急技术装备，充分发挥专家队伍和专业人员的作用，加强宣传和培训，提高员工自救、互救和应对突发事件的综合能力。

二、应急处理一般程序

如果发生突发事件，事发单位首先要做好先期处置，立即启动生产安全事故应急救援预案，采取下列一项或者多项应急救援措施，并根据相关规定，及时向上级和所在地人民政府及有关部门报告。

（1）迅速控制危险源，组织营救受伤被困人员，采取必要措施以防止危害扩大。

（2）调整电网运行方式，合理恢复电网送电。遇有电网瓦解极端情况时，应立即按照电网黑启动方案进行电网恢复。

（3）根据事故危害程度，组织现场人员撤离或者采取可能的应急措施后撤离。

（4）及时通知可能受到影响的单位和人员。

（5）采取必要措施，防止事故危害扩大和次生、衍生灾害发生。

（6）根据需要请求应急救援协调联动单位参加抢险救援，并向参加抢险救援的应急队伍提供相关技术资料、信息、现场处置方案和处置方法。

（7）维护事故现场秩序，保护事故现场和相关证据。对因本单位问题引发的、或主体是本单位人员的社会安全事件，要迅速派出负责人赶赴现场开展劝解、疏导工作。

（8）法律法规、国家有关制度标准、国家电网公司相关预案及规章制度规定的其他应急救援措施。

第四节　现场标准化作业指导书（卡）的编制和应用

一、标准作业卡的编制

（1）标准作业卡的编制原则是任务单一、步骤清晰、语句简练。可并行开展的任务或不是由同一小组人员完成的任务不宜编制为一张作业卡，避免标准作业卡繁杂冗长、不易执行。

（2）标准作业卡由工作负责人按模板（见附录 A）编制，班长、副班长（专业工程师）或工作票签发人负责审核。

（3）标准作业卡的正文分为基本作业信息、工序要求（含风险辨识与预控措施）两部分。

（4）编制标准作业卡前，应根据作业内容开展现场勘察，确认工作任务是否全面，并根据现场环境开展安全风险辨识、制定预控措施。

（5）当作业工序存在不可逆性时，应在工序序号上标注*，如*2。

（6）工艺标准及要求应具体、详细，有数据控制要求的应标明。

（7）标准作业卡的编号应在本运维单位内具有唯一性。按照"变电站名称+工作类别+年月+序号"规则进行编号，其中工作类别包括维护、检修、带电检测、停电试验，例"城南变维护 201605001"。

（8）标准作业卡的编审工作应在开工前完成。

（9）对整站开展的照明系统、排水、通风系统等维护项目，可编制一张标准作业卡。

二、标准作业卡的执行

（1）变电站维护、带电检测、消缺等工作均应按照标准化作业的要求进行。

（2）现场工作开工前，工作负责人应组织全体工作人员对标准作业卡进行学习，重点交代人员分工、关键工序、安全风险辨识及预控措施等。

（3）工作过程中，工作负责人应对安全风险、关键工艺要求及时进行提醒。

（4）工作负责人应及时在标准作业卡上对已完成的工序打勾，并记录有关数据。

（5）全部工作完毕后，全体工作人员应在标准作业卡中签名确认。工作负责人应对现场标准化作业情况进行评价，针对问题提出改进措施。

（6）已执行的标准作业卡至少应保留1年。

第二章

保证安全的组织措施和技术措施

第一节　保证安全的组织措施

在电气设备上工作，保证安全的组织措施包括：现场勘察制度；工作票制度；工作许可制度；工作监护制度；工作间断、转移和终结制度。

一、现场勘察制度

变电检修（施工）作业，工作票签发人或工作负责人认为有必要现场勘察的，检修（施工）单位应根据工作任务组织现场勘察，并填写现场勘察记录。现场勘察由工作票签发人或工作负责人组织。

二、工作票制度

1. 工作票

（1）在电气设备上的工作，应填用工作票或事故紧急抢修单，其方式有以下6种：

1）填用变电站（发电厂）第一种工作票。

2）填用电力电缆第一种工作票。

3）填用变电站（发电厂）第二种工作票。

4）填用电力电缆第二种工作票。

5）填用变电站（发电厂）带电作业工作票。

6）填用变电站（发电厂）事故紧急抢修单。

（2）填用变电第一种工作票的工作为：

1）高压设备上工作需要全部停电或部分停电者。

2）二次系统和照明等回路上的工作，需要将高压设备停电者或做安全措施者。

3）高压电力电缆需停电的工作。

4）换流变压器、直流场设备及阀厅设备需要将高压直流系统或直流滤波器停用者。

5）直流保护装置、通道和控制系统的工作，需要将高压直流系统停用者。

6）换流阀冷却系统、阀厅空调系统、火灾报警系统及图像监视系统等工作，需要将高压直流系统停用者。

7）其他工作需要将高压设备停电或要做安全措施者。

（3）填用变电第二种工作票的工作为：

1）控制盘和低压配电盘、配电箱、电源干线上的工作。

2）二次系统和照明等回路上的工作，无需将高压设备停电者或做安全措施者。

3）转动中的发电机、同期调相机的励磁回路或高压电动机转子电阻回路上的工作。

4）非运维人员用绝缘棒、核相器和电压互感器定相或用钳形电流表测量高压回路的电流。

5）大于表1-1安全距离的相关场所和带电设备外壳上的工作以及无可能触及带电设备导电部分的工作。

6）高压电力电缆不需停电的工作。

7）换流变压器、直流场设备及阀厅设备上工作，无需将直流单、双极或直流滤波器停用者。

8）直流保护控制系统的工作，无需将高压直流系统停用者。

9）换流阀水冷系统、阀厅空调系统、火灾报警系统及图像监视系统等工作，无需将高压直流系统停用者。

（4）填用变电带电作业工作票的工作为：带电作业或与邻近带电设备的距离小于表1-1规定的工作；与邻近带电设备距离小于表1-1规定但大于表2-1规定（包括人体、工器具、材料等）的工作（不使用绝缘工具与带电体直接接触的工作）应填用变电带电作业工作票，但并不属于带电作业范畴。

表 2-1　　　　　　　　　带电作业时人身与带电体间的安全距离

电压等级（kV）	距离（m）	电压等级（kV）	距离（m）
10	0.4	750	5.2（5.6）[③]
35	0.6	1000	6.8（6.0）[④]
66	0.7	±400	3.8[⑤]
110	1.0	±500	3.4
220	1.8（1.6）[①]	±660	4.5[⑥]
330	2.6	±800	6.8
500	3.4（3.2）[②]		

注　表中数据是根据线路带电作业安全要求提出的。

① 220kV 带电作业安全距离受设备限制达不到 1.8m 时，经单位批准，并采取必要的措施后，可采用括号内 1.6m 的数值。

② 海拔 500m 以下，500kV 取值为 3.2m，但不适用于 500kV 紧凑型线路。海拔在 500～1000m 时，500kV 取值为 3.4m。

③ 直线塔边相或中相值。5.2m 为海拔 1000m 以下的距离，5.6m 为海拔 2000m 以下的距离。

④ 此为单回输电线路数据，括号中数据 6.0m 为边相，6.8m 为中相值。表中数值不包括人体占位间隙，作业中需考虑人体占位间隙不得小于 0.5m。

⑤ ±400kV 数据是按海拔 3000m 校正的，海拔为 3500m、4000m、4500m、5000m、5300m 时最小安全距离依次为 3.9m、4.1m、4.3m、4.4m、4.5m。

⑥ ±660kV 数据是按海拔 500～1000m 校正的，海拔为 1000～1500m、1500～2000m 时最小安全距离依次为 4.7m、5.0m。

（5）填用电力电缆第一种工作票的工作为高压电力电缆需要停电的工作。

（6）填用电力电缆第二种工作票的工作为高压电力电缆不需要停电的工作。

（7）填用变电事故紧急抢修单的工作：

1）电气设备发生故障被迫停止运行、需短时间内恢复的抢修和排除故障的工作，可不使用工作票，但应填用事故紧急抢修单。

2）非连续进行的事故修复工作，或 24 小时以内不能完成的事故紧急抢修工作，应转入常规的设备检修流程，转填用变电第一种工作票并履行工作许可手续。

3）未造成线路、电气设备被迫停运的缺陷处理工作不得使用事故紧急抢修单。

4）抢修任务布置人应具备工作票签发人资格，并履行《国家电网公司电力安全工作规程　变电部分》（又称《变电安规》）规定的工作票签发人安全责任。

2. 工作票的填写与签发

（1）工作票通过生产管理系统（以下简称 PMS 系统）填写，原则上不使用手工填写。确因网络中断等特殊情况，可以手工填写，但票面应符合《国家电网公司电力安全工作规程 变电部分》的规定，事后应在 PMS 系统中补票。工作票使用 A3 或 A4 纸打印。工作票应实行编号管理。通过局域网传递的工作票，应有 PMS 系统认证的签名。

（2）工作票用手工填写的，应使用黑色或蓝色的钢（水）笔或圆珠笔填写与签发，一式两份。内容应正确，填写应清楚，不得任意涂改。如有个别错、漏字需要修改，应使用规范的符号，字迹应清楚，但工作票中时间、编号及设备名称、动词（如拉、合、拆、装等）、状态词（如合闸、分闸、热备用、冷备用等）等关键字不得涂改。

（3）用计算机生成或打印的工作票应使用统一的票面格式，由工作票签发人审核无误，手工或电子签名后方可执行。工作票一份应保存在工作地点，由工作负责人收执；另一份由工作许可人收执，按值移交。工作许可人应将工作票的编号、工作任务、许可及终结时间记入登记簿。

（4）一张工作票中，工作许可人与工作负责人不得互相兼任。若工作票签发人兼任工作许可人或工作负责人，应具备相应的资质，并履行相应的安全责任。

（5）工作票由工作负责人填写，也可以由工作票签发人填写。

（6）工作票由设备运维管理单位签发，也可由经设备运维管理单位审核合格且经批准的检修及基建单位签发。检修及基建单位的工作票签发人、工作负责人名单应事先送有关设备运维管理单位、调控中心备案。

（7）承发包工程中，工作票可实行双签发形式。签发工作票时，双方工作票签发人在工作票上分别签名，各自承担本部分工作票签发人相应的安全责任。

（8）外来施工单位进入变电站（指系统外具有资质的施工单位）：

1）外来施工单位进入变电站工作，实行工作票双签发；工作票由外来施工单位填写，外来施工单位和设备运维管理单位的工作票签发人共同签发。

2）对于无法使用 PMS 系统的外来施工单位，工作票由设备运维管理单位填写；外来施工单位需在工作票填写前提供书面依据，并在工作票签发时手工在签发人栏签名。

3）外来施工单位签发人对所派工作负责人、工作班成员是否恰当和充足负责；设备运维管理单位签发人对工作必要性和安全性、工作票上所填安全措施是否正确完备负责。

4）涉及运用中一、二次设备的拆、搭接工作，应由设备运维管理单位签发工作票并担任工作负责人，但涉及停电的一次设备拆、搭接工作可由外来施工单位担任工作负责人。

（9）第一种工作票所列工作地点超过两个，或有两个及以上不同的工作单位（班组）在一起工作时，可采用总工作票和分工作票。总、分工作票应由同一个工作票签发人签发。总工作票上所列的安全措施应包括所有分工作票上所列的安全措施。几个工作班同时进行工作时，总工作票的工作班成员栏内只填明各分工作票的负责人，不必填写全部工作班人员姓名。分工作票上要填写工作班人员姓名。

总、分工作票在格式上与第一种工作票一致。

分工作票应一式两份，由总工作票负责人和分工作票负责人分别收执。分工作票的许可和终结由分工作票负责人与总工作票负责人办理。分工作票应在总工作票许可后才可许可，总工作票应在所有分工作票终结后才可终结。

（10）变电带电作业工作票应由具有带电作业资格的工作负责人或工作票签发人填写，工作票签发人审核签发。应写明带电设备的电压等级和带电设备的具体名称。注意事项（安全措施）由工作票签发人（或工作负责人）根据作业设备的电压等级、范围、地点等情况填写相应的安全技术措施及注意事项，如停用重合闸、与相邻设备的安全距离等。

3. 工作票的使用

（1）一个工作负责人不能同时执行多张工作票，工作票上所列的工作地点以一个电气连接部分为限。

一个电气连接部分是指电气装置中可以用隔离开关同其他电气装置分开的部分。

直流双极停用时，换流变压器及所有高压直流设备均可视为一个电气连接部分。直流单极运行时，停用极的换流变压器、阀厅、直流场设备、水冷系统可视为一个电气连接部分。双极公共区域为运行设备。

（2）一张工作票上所列的检修设备应同时停、送电，开工前工作票内的全部安全措施应一次完成。若至预定时间，一部分工作尚未完成，需继续工作而不妨碍送电者，在送电前应按照送电后现场设备带电情况，办理新的工作票，布置好安全措施后，重新履行许可手续后方可继续工作。

（3）若以下设备同时停、送电，可使用同一张工作票：

1）属于同一电压等级、位于同一平面场所，工作中不会触及带电导体的几个电气连接部分。

在户外电气设备检修时，使用同一张工作票应满足同一段母线、位于同一平面场所、同时停送电，且是连续排列的多个间隔同时停电检修。在户内电气设备检修时，使用同一张工作票应满足同一电压、位于同一平面场所、同时停送电，且检修设备为有网门隔离或封闭式开关柜等结构，防误闭锁装置完善的多个间隔同时停电检修。某段母线停电时，与该母线相连的位于同一平面场所、同时停送电的多个间隔停电检修可使用同一张工作票。

2）一台主变压器停电检修，其各侧断路器也配合检修，且同时停送电。

3）变电站全停集中检修。

（4）同一变电站内在几个电气连接部分上依次进行不停电的同一类型的工作，可以使用一张第二种工作票。

（5）在同一变电站内，依次进行的同一类型的带电作业可以使用一张带电作业工作票。

（6）持线路或电缆工作票进入变电站或发电厂升压站进行架空线路、电缆等工作，应增填工作票份数，由变电站或发电厂工作许可人许可并留存。

（7）线路工作如果需要变电设备停役或做安全措施（悬挂标示牌、装设临时围栏除外），应使用变电工作票，工作负责人可由线路工作具备资质的人员担任。

上述单位的工作票签发人和工作负责人名单应事先送有关运维单位备案。

（8）需要变更工作班成员时，应经工作负责人同意，在对新的作业人员进行安全交底手续后，方可进行工作。非特殊情况不得变更工作负责人，如确需变更工作负责人应由工作票签发人同意并通知工作许可人，工作许可人将变动情况记录在工作票上。工作负责人允许变更一次。原工作负责人和现工作负责人应对工作任务和安全措施进行交接。

（9）在原工作票的停电及安全措施范围内增加工作任务时，应由工作负责人征得工作票签发人和工作许可人同意，并在工作票上增填工作项目。若需变更或增设安全措施者应填用新的工作票，并重新履行签发许可手续。

（10）变更工作负责人或增加工作任务，如工作票签发人和工作许可人无法当面办理，应通过电话联系，并在工作票登记簿和工作票上注明。

（11）第一种工作票应在工作前一日送达运维人员，可直接送达或通过传真、局域网传送，但传真传送的工作票许可应待正式工作票到达后履行。临时工作可在工作开始前直接交给工作许可人。第二种工作票和带电作业工作票可在进行工作的当天预先交给工作许可人。

（12）工作票有破损不能继续使用时，应补填新的工作票，并重新履行签发许可手续。

4. 工作票的有效期与延期

（1）第一、二种工作票和带电作业工作票的有效时间以批准的检修时间为限。

（2）第一、二种工作票需办理延期手续，应在工期尚未结束以前由工作负责人向运维负责人提出申请（属于调控中心管辖、许可的检修设备，还应通过值班调控人员批准），由运维负责人通知工作许可人给予办理。第一、二种工作票只能延期一次。带电作业工作票不准延期。

5. 工作票所列人员的基本条件

（1）工作票的签发人应是熟悉人员技术水平、熟悉设备情况、熟悉《国家电网公司电力安全工作规程　变电部分》，并具有相关工作经验的生产领导人、技术人员或经本单位批准的人员。工作票签发人员名单应公布。

（2）工作负责人（监护人）应是具有相关工作经验，熟悉设备情况和《国家电网公司电力安全工作规程　变电部分》，经专业室（车间）批准的人员。工作负责人还应熟悉工作班成员的工作能力。

（3）工作许可人应是经专业室（车间）批准的有一定工作经验的运维人员或检修操作人员（进行该工作任务操作及做安全措施的人员）；用户变压器、配电站的工作许可人应是持有效证书的高压电气工作人员。

（4）专责监护人应是具有相关工作经验，熟悉设备情况和《国家电网公司电力安全工作规程　变电部分》的人员。

6. 工作票所列人员的安全责任

（1）工作票签发人：

1）确认工作的必要性和安全性。

2）确认工作票上所填安全措施是否正确完备。

3）确认所派工作负责人和工作班人员是否适当和充足。

（2）工作负责人（监护人）：

1）正确组织工作。

2）检查工作票所列安全措施是否正确完备，是否符合现场实际条件，必要时予以补充完善。

3）工作前，对工作班成员进行工作任务、安全措施、技术措施交底和危险点告知，确认每个工作班成员都已知晓并签名。

4）严格执行工作票所列安全措施。

5）监督工作班成员遵守《国家电网公司电力安全工作规程 变电部分》，正确使用劳动防护用品和安全工器具，正确执行现场安全措施。

6）关注工作班成员身体状况和精神状态是否正常，人员变动是否合适。

（3）工作许可人：

1）负责审查工作票所列安全措施是否正确、完备，是否符合现场条件。

2）工作现场布置的安全措施是否完善，必要时予以补充。

3）负责检查检修设备有无突然来电的危险。

4）对工作票所列内容即使有很小的疑问，也应向工作票签发人询问清楚，必要时应要求做详细补充。

（4）专责监护人：

1）确认被监护人员和监护范围。

2）工作前，对被监护人员交待监护范围内的安全措施、告知危险点和安全注意事项。

3）监督被监护人员遵守《国家电网公司电力安全工作规程 变电部分》和现场安全措施，及时纠正被监护人员的不安全行为。

（5）工作班成员：

1）熟悉工作内容、工作流程，掌握安全措施，明确工作中的危险点，并在工作票上履行交底签名确认手续。

2）服从工作负责人（监护人）、专责监护人的指挥，严格遵守《国家电网公司电力安全工作规程 变电部分》和劳动纪律，在确定的作业范围内工作，对自己在工作中的行为负责，互相关心工作安全。

3）正确使用施工器具、安全工器具和劳动防护用品。

三、工作许可制度

（1）工作许可人在完成工作现场安全措施后，还应完成以下手续，工作班方可开始工作：

1）会同工作负责人到现场再次检查所做的安全措施，对具体的设备指明实际的隔离措施，证明检修设备确无电压。

2）对工作负责人指明带电设备的位置和注意事项。

3）和工作负责人在工作票上分别确认并签名。

（2）运维人员不得变更有关检修设备的运行接线方式。工作负责人、工作许可人任何一方不得擅自变更安全措施，工作中如有特殊情况需要变更时，应先取得对方的同意并及时恢复。应将变更情况及时记录在运维日志内。

（3）变电站第二种工作票可采取电话许可方式，但应录音，并各自做好记录。采取电话许可的工作票，工作所需安全措施可由工作人员自行布置，工作结束后应汇报工作许可人。

四、工作监护制度

（1）工作许可手续完成后，工作负责人、专责监护人应向工作班成员交代工作内容、人员分工、带电部位和现场安全措施，进行危险点告知，并履行确认手续，工作班方可开始工作。工作负责人、专责监护人应始终在工作现场，对工作班人员的安全认真监护，及时纠正不安全的行为。

（2）所有工作人员（包括工作负责人）不许单独进入、滞留在高压室、阀厅内和室外高压设备区内。若工作需要（如测量极性、回路导通试验、光纤回路检查等），且现场设备条件允许时，可以准许工作班中有实际经验的一个人或几人同时在它室进行工作，但工作负责人应在事前将有关安全注意事项予以详尽的告知。

（3）工作负责人、专责监护人应始终在工作现场。工作票签发人或工作负责人应根据现场的安全条件、施工范围、工作需要等具体情况，增设专责监护人和确定被监护的人员。

专责监护人不得兼做其他工作。专责监护人临时离开时，应通知被监护人员停止工作或离开工作现场，待专责监护人回来后方可恢复工作。若专责监护人必须长时间离开工作现场时，应由工作负责人变更专责监护人，履行变更手续，并告知全体被监护人员。

（4）工作期间，工作负责人若因故暂时离开工作现场时，应指定能胜任的人员临时代替，离开前应将工作现场交代清楚，并告知工作班成员。原工作负责人返回工作现场时，也应履行同样的交接手续。若工作负责人必须长时间离开工作现场时，应由原工作票签发人变更工作负责人，履行变更手续，并告知全体作业人员及工作许可人。原工作负责人和现工作负责人应做好必要的交接。

五、工作间断、转移和终结制度

（1）工作间断时，工作班人员应从工作现场撤出。每日收工，应清扫工作地点，开放已封闭的通道，并电话告知工作许可人。若工作间断后所有安全措施和接线方式保持不变，工作票可由工作负责人执存。次日复工时，工作负责人应电话告知工作许可人，并重新认真检查确认安全措施是否符合工作票要求。间断后继续工作，若无工作负责人或专责监护人带领，作业人员不得进入工作地点。

（2）在未办理工作票终结手续以前，任何人员不准将停电设备合闸送电。在工作间断期间，若有紧急需要，运维人员可在工作票未交回的情况下合闸送电，但应先通知工作负责人，在得到工作班全体人员已经离开工作地点、可以送电的答复后方可执行，并应采取下列措施：

1）拆除临时遮栏、接地线和标示牌，恢复常设遮栏，换挂"止步，高压危险！"的标示牌。

2）应在所有道路派专人守候，以便告诉工作班人员"设备已经合闸送电，不得继续工作"。守候人员在工作票未交回以前不得离开守候地点。

（3）检修工作结束以前，若需将设备试加工作电压，应按下列条件进行：

1）全体作业人员撤离工作地点。

2）将该系统的所有工作票收回，拆除临时遮栏、接地线和标示牌，恢复常设遮栏。

3）应在工作负责人和运维人员进行全面检查无误后，由运维人员进行加压试验。工作班若需继续工作时，应重新履行工作许可手续。

（4）在同一电气连接部分用同一工作票依次在几个工作地点转移工作时，全部安全措施由运维人员在开工前一次做完，不需再办理转移手续。但工作负责人在转移工作地点时，应向作业人员交代带电范围、安全措施和注意事项。

（5）全部工作完毕后，工作班应清扫、整理现场。工作负责人应先周密地检查，待全体作业人员撤离工作地点后，再向运维人员交代所检修的项目、发现的问题、试验结果和存在问题等，并与运维人员共同检查设备的状况，有无遗留物件，是否清洁等，然后在工作票上填明工作结束时间。经双方签名后，表示工作终结。

待工作票上的临时遮栏已拆除，标示牌已取下，已恢复常设遮栏，未拆除的接地线、未拉开的接地闸刀等设备运行方式已汇报调控人员，工作票方告终结。

（6）只有在同一停电系统的所有工作票都已终结，并得到值班调控人员或运维负责人的许可指令后，方可合闸送电。

（7）已终结的工作票、事故紧急抢修单应保存 1 年。

第二节　保证安全的技术措施

在电气设备上工作，保证安全的技术措施包括停电、验电、接地、悬挂标示牌和装设遮栏（围栏）。上述措施由运维人员或有权执行操作的人员执行。

一、停电

（1）检修设备停电应满足以下要求：

1）检修设备停电，应把各方面的电源完全断开（任何运行中的星形接线设备的中性点，应视为带电设备）。禁止在只经断路器断开电源或只经换流器闭锁隔离电源的设备上工作。应拉开隔离开关，手车开关应拉至试验或检修位置，应使各方面有一个明显的断开点，若无法观察到停电设备的断开点，应有能够反映设备运行状态的电气和机械等指示。与停电设备有关的变压器和电压互感器，应将设备各侧断开，防止向停电检修设备反送电。

2）检修设备和可能来电侧的断路器、隔离开关应断开控制电源和合闸电源，隔离开关操作把手应锁住，确保不会误送电。

3）对难以做到与电源完全断开的检修设备，可以拆除设备与电源之间的电气连接。

（2）工作地点应停电的设备如下：

1）检修的设备。

2）与作业人员在进行工作中正常活动范围的距离小于表2-2规定的设备。

3）在35kV及以下的设备处工作，安全距离虽大于表2-2规定但小于表1-1规定，同时又无绝缘隔板、安全遮栏措施的设备。

4）带电部分在作业人员后面、两侧、上下，且无可靠安全措施的设备。

5）其他需要停电的设备。

表2-2　　作业人员工作中正常活动范围与设备带电部分的安全距离

电压等级（kV）	安全距离（m）	电压等级（kV）	安全距离（m）
10及以下	0.35	1000	9.50
20、35	0.60	±50及以下	1.50
66、110	1.50	±400	6.70
220	3.00	±500	6.80
330	4.00	±660	9.00
500	5.00	±800	10.10
750	8.00		

二、验电

验电是直接验证停电设备是否确无电压，也是检验停电措施的制定和执行是否正确、完善的重要手段。验电时应注意下列事项：

（1）验电时，应使用相应电压等级且合格的接触式验电器，在装设接地线或合接地刀闸处对各相分别验电。验电前，应先在有电设备上进行试验，确认验电器良好；无法在有电设备上进行试验时，可用工频高压发生器等确认验电器良好。

（2）高压验电应戴绝缘手套。验电器的伸缩式绝缘棒长度应拉足，验电时手应握在手柄处不得超过护环，人体应与验电设备保持表1-1中规定的距离。雨雪天气时不得在室外直接验电。

（3）对无法进行直接验电的设备、高压直流输电设备和雨雪天气时的户外设备，可以进行间接验电，即通过设备的机械指示位置、电气指示、带电显示装置、仪表及各种遥测、遥信等信号的变化来判断。判断时，至少应有两个非同样原理或非同源的指示发生对应变化，且所有这些确定的指示均已同时发生对应变化，才能确认该设备已无电。以上检查项目应填写在操作票中作为检查项。检查中若发现其他任何信号有异常，均应停止操作，并查明原因。若进行遥控操作，可采用上述的间接方法或其他可靠的方法进行间接验电。

330kV 及以上的电气设备，可采用间接验电方法进行验电。

（4）表示设备断开和允许进入间隔的信号、经常接入的电压表等，如果指示有电，在排除异常情况前禁止在设备上工作。

三、接地

为防止停电的检修设备突然来电，应将检修设备接地。装设接地线或合上接地刀闸的要求如下：

（1）装设接地线应由两人进行（经批准可以单人装设接地线的项目及运维人员除外）。

（2）当验明设备确已无电压后，应立即将检修设备接地并三相短路。电缆及电容器接地前应逐相充分放电，星形接线电容器的中性点应接地、串联电容器及与整组电容器脱离的电容器应逐个多次放电，装在绝缘支架上的电容器外壳也应放电。

（3）对于可能送电至停电设备的各方面都应装设接地线或合上接地刀闸，所装接地线与带电部分应考虑接地线摆动时仍符合安全距离的规定。

（4）对于因平行或邻近带电设备导致检修设备可能产生感应电压时，应加装工作接地线或使用个人保安线，加装的接地线应登录在工作票上，个人保安线由作业人员自装自拆。

（5）在门型构架的线路侧进行停电检修，如工作地点与所装接地线的距离小于 10m，工作地点虽在接地线外侧，也可不另装接地线。

（6）检修部分若分为几个在电气上不相连接的部分（如分段母线以隔离开关或断路器隔开分成几段），则各段应分别验电接地短路。降压变电站全部停电时，应将各个可能来电侧的部分接地短路，其余部分不必每段都装设接地线或合上接地刀闸。

（7）接地线、接地刀闸与检修设备之间不得连有断路器或熔断器。若由于设备原因，接地刀闸与检修设备之间连有断路器，在接地刀闸和断路器合上后，应有保证断路器不会分闸的措施。

（8）在配电装置上，接地线应装在该装置导电部分的规定地点，应去除这些地点的油漆或绝缘层，并划有黑色标记。在所有配电装置的适当地点，均应设有与接地网相连的接地端，接地电阻应合格。接地线应采用三相短路式接地线，若使用分相式接地线时，应设置三相合一的接地端。

（9）装设接地线应先接接地端，后接导体端。接地线应接触良好，连接应可靠。拆接地线的顺序与此相反。装、拆接地线导体端时均应使用绝缘棒和戴绝缘手套。人体不得碰触接地线或未接地的导线，以防止触电。带接地线拆设备接头时，应采取防止接地线脱落的措施。

（10）成套接地线应由有透明护套的多股软铜线和专用线夹组成，接地线的截面积不得小于 $25mm^2$，同时应满足装设地点短路电流的要求。禁止使用其他导线接地或短路。接地线应使用专用的线夹固定在导体上，禁止用缠绕的方法进行接地或短路。

（11）禁止作业人员擅自移动或拆除接地线。高压回路上的工作，必须要拆除全部或一部分接地线后才能进行的工作（如测量母线和电缆的绝缘电阻、测量线路参数、检查断路器触头是否同时接触），如：

1）拆除一相接地线；

2）拆除接地线，保留短路线；

3）将接地线全部拆除或拉开接地刀闸。

上述工作应征得运维人员的许可（根据调控人员指令装设的接地线，应征得调控人员的许可）后方可进行，工作完毕后立即恢复。

（12）每组接地线及其存放位置均应编号，接地线号码与存放位置号码应一致。

（13）装、拆接地线应做好记录，交接班时应交代清楚。

四、悬挂标示牌和装设遮栏（围栏）

悬挂标示牌可提醒运维人员和检修人员及时纠正将要进行的错误操作和做法。在工作地点装设遮栏（围栏）以限制作业人员的活动范围，防止造成人身伤害、设备损坏等事故。

悬挂标示牌和装设遮栏（围栏）的要求如下：

（1）在一经合闸即可送电到工作地点的断路器和隔离开关的操作把手上，均应悬挂"禁止合闸，有人工作！"的标示牌。

如果线路上有人工作，应在线路断路器和隔离开关操作把手上悬挂"禁止合闸，线路有人工作！"的标示牌。

对由于设备原因，接地刀闸与检修设备之间连有断路器，在接地刀闸和断路器合上后，在断路器操作把手上，应悬挂"禁止分闸！"的标示牌。

在显示屏上进行操作的断路器和隔离开关的操作处，应设置"禁止合闸，有人工作！"或"禁止合闸，线路有人工作！"以及"禁止分闸！"的标记。

（2）部分停电的工作，安全距离小于表1-1规定距离以内的未停电设备，应装设临时遮栏。临时遮栏与带电部分的距离不得小于表2-2的规定。临时遮栏可用干燥木材、橡胶或其他坚韧绝缘材料制成，装设应牢固，并悬挂"止步，高压危险！"的标示牌。

35kV及以下设备可用与带电部分直接接触的绝缘隔板代替临时遮栏。绝缘隔板的绝缘性能应符合《国家电网公司电力安全工作规程　变电部分》附录J的要求。

（3）在室内高压设备上工作，应在工作地点两旁及对面运行设备间隔的遮栏（围栏）上和禁止通行的过道遮栏（围栏）上悬挂"止步，高压危险！"的标示牌。

（4）高压开关柜内手车开关拉出后，隔离带电部位的挡板封闭后禁止开启，并设置"止步，高压危险！"的标示牌。

（5）在室外高压设备上工作，应在工作地点四周装设围栏，其出入口要围至临近道路旁边，并设有"从此进出！"的标示牌。在工作地点四周围栏上悬挂适当数量的"止步，高压危险！"标示牌，标示牌应朝向围栏里面。若室外配电装置的大部分设备停电，只有个别地点保留有带电设备而其他设备无触及带电导体的可能时，可以在带电设备四周装设全封闭围栏，在围栏上悬挂适当数量的"止步，高压危险！"标示牌，标示牌应朝向围栏外面。禁止越过围栏。

（6）在工作地点设置"在此工作！"的标示牌。

（7）在室外构架上工作，应在工作地点邻近带电部分的横梁上悬挂"止步，高压危险！"的标示牌。在作业人员上下的铁架或梯子上，应悬挂"从此上下！"的标示牌。在邻近其他可能误登的带电构架上，应悬挂"禁止攀登，高压危险！"的标示牌。

（8）禁止作业人员擅自移动或拆除遮栏（围栏）、标示牌。因工作原因必须短时移动或拆除遮栏（围栏）、标示牌，应征得工作许可人同意，并在工作负责人的监护下进行。完毕后应立即恢复。

（9）直流换流站单极停电工作时，应在双极公共区域设备与停电区域之间设置围栏，在围栏面向停电设备及运行阀厅门口悬挂"止步，高压危险！"标示牌。在检修阀厅和直流场设备处设置"在此工作！"的标示牌。

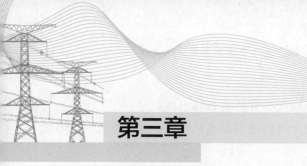

第三章

作业项目安全风险管控

第一节 概　述

为贯彻"安全第一、预防为主、综合治理"方针，推进电网企业安全风险管理工作，规范作业安全风险的辨识、评估和控制方法，本节依据《国家电网有限公司作业安全风险管控工作规定》和《国家电网有限公司作业安全风险预警管控工作规范》，阐述作业项目安全风险控制的职责与分工，计划管理、风险识别、评估定级等环节的方法及要求，以对作业安全风险实施超前分析和流程化控制，形成"流程规范、措施明确、责任落实、可控在控"的安全风险管控机制。

一、风险辨识

风险辨识是指辨识风险的存在并确定其特性的过程，包括静态风险辨识、动态风险辨识、作业项目风险辨识。

静态风险辨识是依据《国家电网公司供电企业安全风险评估规范》（以下简称《评估规范》）等事先拟好的检查清单对现场风险因素进行辨识，制定风险控制措施。主要开展三个方面的工作：① 设备、环境的风险识别；② 人员素质及管理的风险识别；③ 风险数据库的建立与应用。其中，设备、环境的风险识别，依据《评估规范》第一、二章的要求，有计划、有目的地开展设备、环境、工器具、劳动防护以及物料等静态风险的识别，找出存在的危险因素；人员素质及管理的风险识别，依据《评估规范》第三、五章的要求开展，可进行自查，也可由专家组或专业第三方机构对人员素质和安全生产综合管理开展周期性的识别，查找影响安全的危险因素；现场管理的风险识别，依据《评估规范》第四章的要求，结合作业风险控制开展动态的识别。

动态风险辨识是对照《作业安全风险辨识范本》对作业过程中的风险因素进行辨识。

作业项目风险辨识是采用三维辨识法对整个项目所包含的风险因素进行辨识。三维辨识法是指通过对照《作业安全风险辨识范本》辨识作业过程中的动态风险、查看《作业安全风险库》辨识作业过程中的静态风险、现场踏勘确认风险的一种方法。

二、风险评估

风险评估是指对事故发生的可能性和后果进行分析与评估，并给出风险等级的过程。风险等级分为一般、较大、重大三级。静态风险评估一般采用 LEC 法，动态风险评估一般采用 PR 法。

1. LEC 法

LEC 法是根据风险发生的可能性、暴露在生产环境下的频度、导致后果的严重性，针对静态风险所采取的一种风险评估方法。

风险值 D 的计算公式为

$$D=LEC$$

L 为发生事故的可能性大小。事故发生的可能性大小，当用概率来表示时，绝对不可能发生的事故概率为 0；而必然发生的事故概率为 1。然而，从系统安全角度考察，绝对不发生事故是不可能的，所以人为地将发生事故的可能性极小的分数定为 0.1，而必然发生的事故分数定为 10，各种情况的分数如表 3-1 所示。

表 3-1　　　　　　　　　　　事故发生的可能性（L）

事故发生的可能性（发生的概率）	分数值
完全可能预料（100%可能）	10
相当可能（50%可能）	6
可能，但不经常（25%可能）	3
可能性小，完全意外（10%可能）	1
很不可能，可以设想（1%可能）	0.5
极不可能（小于1%可能）	0.1

E 为暴露于危险的频繁程度。人员出现在危险环境中的时间越多，则危险性越大。规定连续出现在危险环境的情况定为 10，而非常罕见地出现在危险环境中定为 0.5，介于两者之间的各种情况规定若干个中间值，如表 3-2 所示。

表 3-2　　　　　　　　　暴露于危险环境频度（E）

暴露频度	分数值
持续：每天多次	10
频繁：每天一次	6
有时：每天一次～每月一次	3
较少：每月一次～每年一次	2
很少：50 年一遇	1
特少：100 年一遇	0.5

C 为发生事故的严重性。事故所造成的人身伤害或电网损失的变化范围很大，所以规定分数值为 1～100，把造成仅需要救护的伤害及设备或电网异常运行的分数定为 1，把造成重大及以上人身、设备、电网事故的分数定为 100，其他情况的数值定为 1～100 之间，如表 3-3 所示。

表 3-3　　　　　　　　　发生事故的严重性（C）

分数值	后果	
	人身	电网设备
100	可能造成特大人身死亡事故者	可能造成特大设备事故者；可能引起特大电网事故者
40	可能造成重大人身死亡事故者	可能造成重大设备事故者；可能引起重大电网事故者
15	可能造成一般人身死亡事故或多人重伤者	可能造成一般设备事故者；可能引起一般电网事故者
7	可能造成人员重伤事故或多人轻伤事故者	可能造成设备一类障碍者；可能造成电网一类障碍者
3	可能造成人员轻伤事故者	可能造成设备二类障碍者；可能造成电网二类障碍者
1	仅需要救护的伤害	可能造成设备或电网异常运行

风险值 D 计算出后，关键是如何确定风险级别的界限值，而这个界限值并不是长期固定不变。在不同时期，企业应根据其具体情况来确定风险级别的界限值。表 3-4 可作为确定风险程度的风险值界限的参考标准。

表 3-4 风险程度与风险值的对应关系

风险程度	风险值
重大风险	$D \geqslant 160$
较大风险	$70 \leqslant D < 160$
一般风险	$D < 70$

实例：某供电企业 500kV 某变电站围墙南侧出线塔下方原土建单位搭建的临时工棚，在投运之后仍未拆除，由于无人管理成为危房，台风或大风天气吹起轻飘物会危及设备的安全运行。同时，500kV 场地东南侧搭建的种植西瓜薄膜大棚在台风季节也会严重影响变电站的安全运行。

L 的确定：大风或台风天气的出现概率不大，加之可被风吹起的轻飘物固定不牢发生的概率也不大，可定值为 1。

E 的确定：从地理角度上讲属于连续暴露，所以定值为 10。

C 的确定：危险源离变电站 500kV 场地很近，极有可能导致 500kV 母差保护动作，按《国家电网公司安全事故调查规程》核定为一般电网事故，属于非常严重，所以定值 15。

按 $D=LEC$，得出风险值为 150，其值大于 70 但小于 160，故风险等级确定为"较大风险"。这样就为下一步的风险控制确定了目标。

2. PR 法

PR 法是根据风险发生的可能性、导致后果的严重性，针对动态风险所采取的一种风险评估方法。

P 值代表事故发生的可能性（possible），即在风险已经存在的前提下发生事故的可能性。按照事故的发生率将 P 值分为四个等级，如表 3-5 所示。

表 3-5 可能性定性定量评估标准表（P）

级别	可能性	含义
4	几乎肯定发生	事故非常可能发生，发生概率在 50%以上
3	很可能发生	事故很可能发生，发生概率为 10%～50%
2	可能发生	事故可能发生，发生概率为 1%～10%
1	发生可能性很小	事故仅在例外情况下发生，发生概率在 1%以下

R 值代表后果严重性（result），即在此风险导致事故发生之后，造成对人

身、电网或者设备的危害程度。根据《国家电网有限公司安全事故调查规程》的分类，将 R 值分为特大、重大、一般、轻微四个级别，如表 3-6 所示。

表 3-6 严重性定性定量评估标准表（R）

级别	后果	严重性	
		人身	电网设备
4	特大	可能造成重大及以上人身死亡事故者	可能造成重大及以上设备事故者；可能引起重大及以上电网事故者
3	重大	可能造成一般人身死亡事故或多人重伤者	可能造成一般设备事故者；可能引起一般电网事故者
2	一般	可能造成人员重伤事故或多人轻伤事故者	可能造成设备一、二类障碍者；可能造成电网一、二类障碍者
1	轻微	仅需要救护的伤害	可能造成设备或电网异常运行

将表 3-5 和表 3-6 中的可能性和严重性结合起来，得到用重大、较大、一般表示的风险水平描述，如图 3-1 所示。

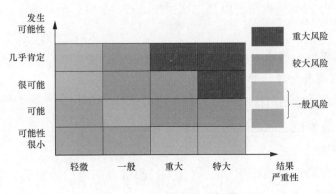

图 3-1 PR 法风险坐标图

第二节 电网安全风险辨识与控制

电网运行风险是指电网检修、施工、调试等带来运行方式变化，输变电设备缺陷或异常带来运行状况变化，气候、来水等外部因素带来运行环境变化，引起电网运行出现可预见性的安全风险。

一、电网风险预警管控职责与分工

（一）各层级电网风险管控预警范围

1. 省调风险管控预警范围

（1）设备故障，可能导致五级以上电网事件，除部分在地调预警职责中明确的；

（2）设备停电造成省内 500kV 及以上变电站改为单线供电、单台主变压器、单母线运行的情况，且无法通过运行方式调整等手段保障电网安全稳定运行；

（3）一次事件造成风电机组脱网容量 500MW 以上者；

（4）事故后造成装机总容量 1000MW 以上的发电厂全厂对外停电；

（5）造成电网减供负荷 100MW 以上者；

（6）省内 500kV 及以上主设备存在缺陷或隐患不能退出运行；

（7）重要通道故障，符合有序用电启动条件；

（8）省内 220kV 枢纽变电站二次系统改造，会引起全站停电，对外造成重要影响；

（9）跨越施工等原因可能造成高铁停运。

2. 地调风险管控预警范围

（1）设备故障，可能导致六级以上电网事件；

（2）设备停电造成地市内 220kV 变电站改为单台主变压器、单母线、单线（同杆并架双线）运行；

（3）事故后造成地市级以上地方人民政府有关部门确定的二级以上重要电力用户电网侧供电全部中断；

（4）造成电网减供负荷 40MW 以上 100MW 以下者；

（5）地市内 220kV 主设备存在缺陷或隐患不能退出运行；

（6）跨越施工等原因可能造成电气化铁路停运。

3. 县调风险管控预警范围

（1）事故后造成县域范围内 1 座 110kV 变电站全停；

（2）事故后造成变电站内 35kV 母线非计划全停；

（3）事故后造成地市级以上地方人民政府有关部门确定的二级或临时性重要电力用户电网侧供电全部中断；

（4）其他应纳入县调管控范围的事件。

注：预警范围中"以上"包含本数，"以下"不包含本数。

（二）各专业职责分工

（1）调控中心：负责电网运行风险预警的评估、发布、延期、取消和解除，会同相关部门编制预警通知单，提出电网运行风险管控要求，组织优化运行方式、制定事故预案等措施，负责向政府电力运行主管部门报告、向相关并网电厂告知电网运行风险预警，负责检查本专业电网运行风险预警管控工作情况。

（2）安监部：负责电网运行风险预警管控工作的全过程监督、检查、评价、考核；负责电网风险预警管控系统的建设与应用；负责向能源局及派出机构报告电网运行风险预警。

（3）发展部：负责在电网规划中加强电网结构分析，将相关项目纳入电网规划并推进前期工作，提高系统抵御风险能力。

（4）设备部（运检部）：负责分析重大检修、设备状况、外力破坏等安全风险，组织落实输变电设备和输配电通道巡视、监测、维护、消缺、安全防护等管控措施，组织落实电网技改项目，负责检查本专业电网运行风险预警管控工作情况。

（5）建设部：负责落实电网建设工程，分析输变电建设、施工跨越、调试投产等对电网运行带来的安全风险，组织落实基建施工、现场防护、系统调试等管控措施，负责检查本专业电网运行风险预警管控工作情况。

（6）营销部：负责分析重要客户供电安全风险，组织落实需求侧管理、安全供电等管控措施，负责向重要客户告知电网运行风险预警，督促落实重要客户应急预案和保安电源措施，负责检查本专业电网运行风险预警管控工作情况。

二、电网风险预警管控流程

电网运行风险预警管控依托安全风险管控平台（以下简称平台，含 App）实施全过程管理，包括预警评估、预警发布、预警报告与告知、预警实施、预警解除等环节，工作流程图如图 3-2 所示。

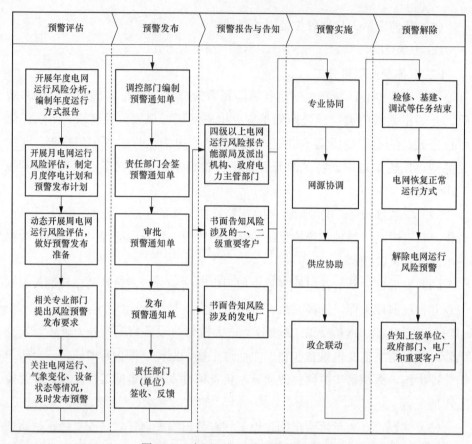

图 3-2　电网运行风险预警管控流程

（一）预警评估

调度部门在参与制定月度检修计划时，应进行电网运行风险评估分析，下发风险评估表，如表 3-7 所示，内容包括主要停役设备、停役时间、工作内容、风险分析、受限断面及控制要求，结合风险分析结果提出应落实的各项风险预控措施及落实主体，对措施前、措施后的风险分别进行评价和定级。

表 3-7　　　　　　　　　　　　　风　险　评　估　表

序号	主要停役设备	停役时间	工作内容	风险分析	受限断面及控制要求	预控措施	风险等级（措施前）	风险等级（措施后）

风险预警等级从高到低分为一至八级，分别与《国家电网有限公司安全事故调查规程》中一至八级电网事件相对应。

1. 风险分析

在进行电网运行风险分析时，通常采用以下方法：

（1）电力电量平衡分析；

（2）系统潮流及无功电压分析；

（3）系统静态安全分析；

（4）系统短路电流分析；

（5）系统暂态稳定、频率稳定、电压稳定、小干扰稳定分析。

2. 评估机制

强化电网运行"年方式、月计划、周安排、日管控"，建立健全风险预警评估机制，为预警发布和管控提供科学依据。

（1）年方式：开展年度电网运行风险分析，加强年度综合停电计划协调，各级调控部门编制年度运行方式报告，应包括年度电网运行风险分析结果、四级以上风险预警项目。

（2）月计划：加强月度停电计划协调，各级调控部门牵头组织分析下月电网设备计划停电和通信检修计划带来的安全风险，梳理达到预警条件的停电项目，制定月度风险预警发布计划。

（3）周安排：加强周工作计划和停电安排，动态评估电网运行风险，及时发布电网运行风险预警，在周生产安全例会上部署风险预警管控措施。

（4）日管控：密切跟踪电网运行状况和停电计划执行情况，加强日工作组织协调，在日生产早会上通报工作进展，根据实际情况动态调整风险预警管控措施。

3. 评估原则

贯彻"全面评估、先降后控"的要求，动态评估电网运行风险，准确界定风险等级，不遗漏风险、不放大风险、不降低管控标准。

（1）全面评估。充分辨识电网运行方式、运行状态、运行环境、电源、负荷及电力通信、信息系统等其他可能对电网运行和电力供应造成影响的风险因素。

1）运行方式：评估电网特殊保电时期、多重检修方式、系统性试验、配合基建技改等临时方式的安全风险。

2）运行状态：评估电网断面潮流、设备负载、设备运行状况等安全风险。

3）运行环境：评估重要输变电设备周边水文地质、气候条件、山火、覆冰、雾霾、外力破坏等安全风险。

4）电源：评估电厂出力、送出可靠性、清洁能源消纳等安全风险。

5）负荷：评估重要客户供电方式、保电需求等安全风险。

6）电力通信：评估电力通信设备本体以及设备检修、设备异常、系统故障等非正常方式或特定情况等安全风险。

7）信息系统：评估信息泄露、病毒木马、网络攻击、漏洞隐患、系统升级维护等安全风险。

（2）先降后控。充分采取各种预控措施和手段，降等级、控时长、缩范围、减数量，降低事故概率和风险影响，提升管控实效。

1）降等级：采取方式调整、分母线运行、负荷转移、分散稳控切负荷数量、调整开机、配合停电、需求侧响应、同周期检修、调整客户生产计划等手段，降低可能造成的负荷损失。

2）控时长：优化施工（检修）方案，提前安排设备消缺，适当加大人员投入，采取先进技术工艺，合理控制停电时间。

3）缩范围：优化电网运行方式、停电检修计划、倒闸操作方案，转移重要负荷，启用备用线路，缩小受影响的范围。

4）减数量：坚持"综合平衡，一停多用"，统筹优化基建、技改和检修工作，科学安排停电计划，减少重复停电，避免风险叠加，严格控制高风险预警工作。

（二）预警发布

（1）调度部门在编制电网周检修计划时，应根据风险评估表编制运行风险预警通知单，如图3-3所示，做好风险预控措施的安排。预警通知单包括停电设备、预警事由、预警时段、风险等级、风险分析、运行方式调整、控制限额、管控措施及要求等内容。

（2）预警通知单经安监、运检、营销等相关部门会签，督查会议审核通过，本单位领导或上级单位审批后正式生效，并下达各相关单位。

（3）对于电网临时检修方式，应纳入周检修计划管理，补发预警通知单。对于电网紧急消缺，明确停电工作时间超过24小时的，由调度部门在下一个工作日补发预警通知单。

电网运行风险预警通知单

编号：××××年第××××号

电力调度控制中心   预警日期：××××年××月××日

停电设备			
预警事由			
预警时段			
风险等级			
主送部门			
责任单位			
风险分析	运行方式调整： 控制限额：		
管控措施及要求	（1）电力调度控制中心： （2）运维检修部： （3）营销部： （4）安全监察部（保卫部）：	签收部门	
		电力调度控制中心：	
		运维检修部：	
		营销部：	
		安全监察部（保卫部）：	
编制		审核	
批准			

呈送：

图 3-3 电网运行风险预警通知单

（三）预警反馈

（1）各职能部门及相关单位按照"谁会签、谁组织、谁反馈"的原则组织落实管控措施，责任单位按照"谁接收、谁落实、谁反馈"的原则实施管控措施并填写预警反馈单，格式如图3-4所示。预警反馈单包括事故预案制定、设备巡视频次、设备检测手段、安全保卫措施、政府部门报告、重要客户告知等内容。

（2）预警反馈单在工作实施前通过风险管控系统等方式完成反馈，各项预警管控措施均落实到位后，调控部门方可下达设备停电操作指令。

（四）预警报告与告知

（1）按照"谁预警、谁报告"的原则，相关单位根据需要分别向地方政府电力运行主管部门报告，内容包括风险分析、风险等级、计划安排、影响范围（含敏感区域、民生用电、重要客户等）、管控措施、需要政府协助办理的事项建议等。

电网运行风险预警反馈单

编号：××××年第××××号

××××单位   反馈日期：××××年××月××日

主送单位			
预警单编号			
预警时段			
管控措施落实情况			
编制	审核		批准

图 3-4   电网运行风险预警反馈单

（2）对风险预警涉及的二级以上重要客户，由营销部门编制预警告知单，提前 24 小时告知客户并留存相关资料；对电厂送出可靠性造成影响或需要电源支撑的风险预警，由调控部门编制电网运行风险预警告知单，如图 3-5 所示，提前 24 小时告知相关并网电厂并留存相关资料。电网运行风险预警告知单主要包括预警事由、预警时段、风险影响、应对措施等内容，督促电厂、客户合理安排生产计划，做好防范准备。

电网运行风险预警告知单

编号：××××年第××××号

报送日期：××××年××月××日

送达单位	客户（电厂）
预警事由	
预警时段	××月××日××时至××月××日××时
风险分析	
预控措施及要求	针对客户（电厂）实际情况，提出风险预警管控措施要求
电网风险管控措施	
告知单位	（盖章）
联系人	联系电话

图 3-5   电网运行风险预警告知单

（五）预警实施

预警发布后，应强化"专业协同、网源协调、供用协助、政企联动"，有效提升管控质量和实效，同时做好与电网大面积停电事件应急预案的无缝衔接，针对电网运行风险失控可能导致的大面积停电，提前做好应急准备，及时启动应急响应，全方位做好电网运行安全工作。

1. 专业协同

调控、运检、营销、安监等专业协同配合，全面落实管控措施。

（1）电网调控：进行安全稳定校核，优化系统运行方式，完善稳控策略，转移重要负荷，优化操作顺序，编制事故预案。

（2）设备运维：加强设备特巡，开展红外测温等带电检测，提前完成设备消缺和隐患整治，落实针对性运维保障措施，做好抢修队伍、物资和备品备件等准备。

（3）施工检修：优化施工检修方案，加大人员装备投入，确保按期完工。

（4）供电保障：组织供电安全检查，督促客户排查消除用电侧安全隐患，做好重要客户保电，做好配电网应急抢修准备。

（5）信通保障：排查消除电力通信、信息系统、信息通信专用 UPS 电源等安全隐患，制定通信方式调整及保障方案，组织电力光缆、通信设备等特巡，做好应急通信系统准备，落实信息系统等安全防护措施。

（6）监督协调：协调编制风险预警管控工作方案，组织开展现场监督检查，督导落实电网调控、设备运维、施工检修、供电保障、信通保障等各项管控措施。

2. 网源协调

做好电厂设备配合检修，调整发电计划，优化开机方式，安排应急机组，做好调峰、调频、调压准备。加强技术监督，确保涉网保护、安全自动装置等按规定投入。

3. 供用协助

及时告知客户电网运行风险预警信息，督促重要客户备齐应急电源，制定应急预案，执行落实有序用电方案，提前安排事故应急容量。

4. 政企联动

提请政府部门协调电力供需平衡和有序用电、督促重要客户做好用电安全隐患整改，将预警电力设施纳入治安巡防体系，加强防外力破坏等管控措施。

（六）预警解除

（1）因设备停役延期或工作取消，由调控中心及时联系安监部门办理风险延期或取消，并通知相关部门和单位。

（2）设备复役后，风险解除。若设备提前复役，由调控中心及时联系安监部门办理风险解除，并通知相关部门和单位。

三、典型电网安全风险控制措施

（1）合理规划电源接入点。受端系统应具有多个方向多条受电通道，电源点应合理分散接入，每个独立输电通道的输送电力不宜超过受端系统最大负荷的 10%～15%,确保失去任一通道时不影响电网安全运行和受端系统可靠供电。综合考虑电力市场空间、电力系统调峰、电网安全等因素，统筹协调、合理布局抽蓄电站等调峰电源。

（2）严格做好风电场、光伏电站并网验收环节的工作，避免不符合电网要求的设备进入电网运行。并网电厂机组投入运行时，相关继电保护、安全自动装置、稳定措施和电力专用通信配套设施等应同时投入运行。

（3）优化电网规划设计方案，合理设计电网结构，完善电网安全稳定控制措施，提高系统安全稳定水平。强化电网薄弱环节，加强电网建设及配电网完善工作，对供电可靠性要求高的电网应适度提高设计标准。对电网进行合理分区，有效限制短路电流；兼顾供电可靠性和经济性，分区之间要有备用联络线以满足一定程度的负荷互带能力。

（4）无功电源及无功补偿设施的配置应使系统具有灵活的无功电压调整能力，在负荷高峰和低谷时段均能分（电压）层、分（供电）区基本平衡。提高无功电压自动控制水平，推广应用无功电压自动控制系统（AVC），提高电压稳定性，减少电压波动幅度。

（5）在特殊地形、极端恶劣气象环境条件下重要输电线路宜采取差异化设计，适当提高抗风、抗冰、抗洪等设防水平。输电线路路径应避开滑坡、泥石流、重冰区及易发生导线舞动、山火易发等区域，无法避让时应采取相应防范措施。

（6）严格执行电网运行控制要求，严禁超运行控制极限值运行，根据系统发展变化情况及时计算和调整电网运行控制极限值。电网一次设备故障后，应按照故障后方式电网运行控制的要求，尽快将相关设备的潮流（或发电机出力、电压等）控制在规定值以内。

（7）根据电网的变化情况及时分析、调整各种保护装置、安全自动装置的配置或整定值，每年下达低频低压减载方案，及时跟踪负荷变化，定期核查、统计、分析各种安全自动装置的运行情况。加强检修管理和运行维护工作，防止装置出现拒动、误动。

（8）加强开关设备、保护装置的运行维护和检修管理，确保能够快速、可靠地切除故障。定期对变电站内及周边飘浮物、塑料大棚、彩钢板建筑、风筝及高大树木等进行清理，大风前后应进行专项检查，防止异物飘浮造成设备短路。

（9）加强铁塔基础的检查和维护，做好防外力破坏措施，对取土、挖沙、采石等可能危及杆塔基础安全的行为，应及时制止并采取相应防范措施。

（10）在迎峰度夏期间和重点保电时段，加强对满载重载线路的运行维护，加强对跨区输电通道及相关线路的运维管控，开展高风险区段、密集线路走廊、线路跨越点的特巡，确保重要设备安全稳定运行。

（11）在覆冰季节前应对线路做全面检查，落实除冰、融冰和防舞动措施，具备条件的应采取融冰措施以减少线路覆冰。

第三节　作业安全风险辨识与控制

作业安全风险是指在作业过程中有可能导致人身伤害事故的因素，包括触电伤害、高处坠落、物体打击、机械伤害、中毒窒息等。

一、作业项目安全风险评估

1. 作业安全风险分级

作业安全风险评估根据可预见风险的可能性、后果严重程度，将作业安全风险分为一到五级，即极高风险、高度风险、显著风险、一般风险、稍有风险。

一级风险（极高风险）：指作业过程存在极高的安全风险，即使加以控制仍可能发生人身重伤或死亡事故。

二级风险（高度风险）：指作业过程存在很高的安全风险，不加控制容易发生人身死亡事故。

三级风险（显著风险）：指作业过程存在较高的安全风险，不加控制可能发生人身重伤或死亡事故。

四级风险（一般风险）：指作业过程存在一定的安全风险，不加控制极有可能发生人身轻伤事件。

五级风险（稍有风险）：指作业过程存在较低的安全风险，不加控制有可能发生未遂人身安全事件。

典型生产作业风险定级库详见《国家电网有限公司作业安全风险管控工作规定》。对典型定级库中缺少的相关项目，应根据《评估规范》建立《作业安全风险库》：生产班组负责查找管辖范围内的危险因素，明确风险所在的地点和部位，对风险等级进行初评，形成风险事件并上报专业室（中心）；专业室（中心）负责对生产班组上报的风险事件进行审核、复评；一般、较大风险事件，由专业室（中心）在《作业安全风险库》中发布；重大风险事件，由专业室（中心）上报单位相关职能部门和安监部门，相关职能部门会同安监部门对重大风险审核确认后在《作业安全风险库》中发布。

《作业安全风险库》应及时导入日常安全生产和管理（如日常检查、专项检查、隐患排查、安全性评价等）中新发现的风险。职能部门每年组织专家，依据《评估规范》进行专项风险辨识，补充、完善《作业安全风险库》中相关风险事件。对风险事件的新增、消除和风险等级的变更等维护工作仍遵循逐级审核、发布的原则。

《作业安全风险库》模板如表3-8所示。

表3-8 《作业安全风险库》模板

序号	地点	部位	风险描述	作业类别	伤害方式	可能性	频度	严重性	风险值	风险等级	控制措施	填报单位	发布时间

《作业安全风险库》包括地点、部位、风险描述、作业类别、伤害方式、风险值、控制措施、填报单位和发布时间等内容，其含义如下：

（a）地点是指风险所在的变电站、高压室、配电站或线路。

（b）部位是指风险所在的间隔、设备或线段。

（c）风险描述是指风险可能导致事故的描述。

（d）作业类别包括变电运维、变电检修、输电运检、电网调度、配网运检五种。一个风险可对应多个作业类别。

（e）伤害方式一般包括触电、高处坠落、物体打击、机械伤害、误操作、交通事故、火灾、中毒、灼伤、动物伤害十种伤害方式。一个风险可对应多个伤害方式。

（f）风险值一般采用 LEC 法分析所得。

（g）控制措施是根据风险特点和专业管理实际所制定的技术措施或组织措施。

（h）填报单位是上报并跟踪管理的单位或部门。

（i）发布时间是经审核批准后公开发布该风险的时间。

2. 安全承载能力分析

班组安全承载能力分析内容包括班组成员的业务技能水平、安全技术等级、工作经验、安全积分以及班组生产装备和安全工器具的匹配程度，如表 3-9 所示。

表 3-9　　　　　　　　　　运维班组安全承载能力分析标准

分类		评分方法	分值	评分标准	评估得分
监护人（工作许可人）	技能等级	监护人（工作许可人）的技能等级水平	15	由个人安全技能等级划分：五级 15 分，四级 12 分，三级 10 分，二级 8 分，一级 6 分	
	工作经验	监护人（工作许可人）参与该类型的工作经历	15	由单位根据实际情况发文公布分值	
	安全积分	监护人（工作许可人）的安全积分	15	安全积分未扣分时得 15 分，安全积分有扣分的，每一次减 2 分	
操作（作业）人	技能等级	操作人的技能等级水平	15	由操作人安全技能等级划分：五级 15 分，四级 12 分，三级 10 分，二级 8 分，一级 6 分	
	工作经验	操作人员的工作经验	10	由单位根据实际情况发文公布操作人员的工作经验分值	
	安全积分	操作人的安全积分扣分次数	15	安全积分未扣分时得 15 分，安全积分有扣分的，每一次减 1 分	
生产装备和安全工器具	匹配程度	主要生产装备和工器具是否够用或需外借	15	够用得 15 分，需外借得 10 分	
合计					

安全技术等级依据个人经鉴定所取得，可与信息系统中的数据进行匹配。

工作经验的分值由各单位依据员工实际情况定期发文公布，可与人员安全信息库中的数据匹配后自动生成。安全积分是依据个人安全积分情况确定，可与人员安全信息库中的数据匹配后自动生成。

生产装备和安全工器具的匹配程度，需要评估人员按照实际情况进行评估。

作业项目风险等级与安全承载能力分析评估得分的要求：一级风险作业的评估得分必须大于 90 分；二级风险作业的评估得分必须大于 85 分；三级风险作业的评估得分必须大于 80 分；四级风险作业的评估得分必须大于 70 分；五级风险作业的评估得分必须大于 60 分。

二、作业安全风险管控职责与分工

按照管理职责和工作特点，不同管理层次负责控制不同程度和类型的安全风险，逐级落实安全责任。

（一）各层级管理职责

1. 省公司级单位

安监部门是作业安全风险管控工作的牵头部门，负责建立健全作业风险管控工作机制，通过安全管控中心远程核查、到岗到位和安全督查人员现场检查等方式，进行监督、检查、评价、考核。

各专业部门负责组织开展本专业相关作业安全风险管控工作，执行到岗到位工作要求，重点管控二级及以上作业风险评估、预警、控制等实施情况。

2. 地市（县）公司级单位

安监部门负责督促落实本单位作业风险管控工作，通过安全管控中心远程核查、到岗到位和安全督查人员现场检查等方式，对本单位作业风险管控工作进行监督、检查、评价、考核。

地市级单位专业部门（项目管理部门）负责执行到岗到位工作要求，重点管控三级及以上作业风险识别、预警、控制等实施情况。

县公司级单位专业部门（项目管理部门）负责执行到岗到位工作要求，管控全部等级作业风险评估、预警、控制等实施情况。

3. 班组

负责落实现场勘察、风险评估、"两票"执行、班前（后）会、安全交底、作业监护等安全管控措施和要求。

（二）各专业具体分工

（1）设备部（运检部）负责组织召开年度综合检修计划协调会和月度、周电网设备检修计划协调会，审查年度、季度、月度、周设备检修计划项目安排的必要性和合理性；负责策划、落实较大及以上风险检修类作业项目的风险管控（含风险评估、承载力分析），发布作业风险预警，督促相关部室和单位落实风险管控措施；协调检修现场风险控制过程中出现的问题。

（2）建设部负责安排和编制基建、技改工程设计的输变电设备年度、季度、月度和周投运计划；负责策划、落实较大及以上风险基建、技改类作业项目的风险管控（含风险评估、承载力分析），督促相关部室和单位落实风险管控措施；协调基建、技改现场风险控制过程中出现的问题。

（3）调控中心负责安排月度、周电网设备停电计划系统运行方式，审核月度、周停电计划的可行性和合理性；审查二次系统设备停电项目安排的必要性和合理性，协调上下级调度的运行方式调整，全面分析评估所辖电网薄弱环节，及时发布一般及以上电网风险预警和发布特殊气象条件风险预警；负责做好电网特殊运行方式下的事故处理预案和电力电量平衡，检查作业现场风险管控措施的落实情况；协调二次系统作业现场风险控制过程中出现的问题。

（4）营销部负责编制用户、市政工程涉及的输变电设备季度和月度停电需求和投运计划；统筹安排用户工程，避免集中停电造成电网安全风险增大；电网预警发出后，协助并督促重要高危客户、重要保电场所做好应对措施，做好保供电工作。

（5）安监部负责参与年度综合检修计划协调会和月度、周停电计划平衡会，督促相关部门落实审查和协调职责；负责审查施工（检修）单位工作票签发人、工作负责人、工作许可人资质认证；审查发包工程施工单位安全资质，督促签订安全协议，并做好备案；参与审核较大及以上风险作业项目的风险管控措施；监督检查相关部门和单位对特殊气象条件、电网和作业风险预警预控措施的落实情况。

三、作业风险管控流程

作业安全风险管控遵循"全面评估、分级管控"原则，强化"管专业必须管安全"，依托安全生产风险管控平台（以下简称平台，含 App）实施全过程管理，包括计划管理、风险识别、评估定级、管控措施制定、作业风险管控督查例会、风险公示告知、现场风险管控、评价考核等环节。作业风险管控工作流程图如图 3-6 所示。

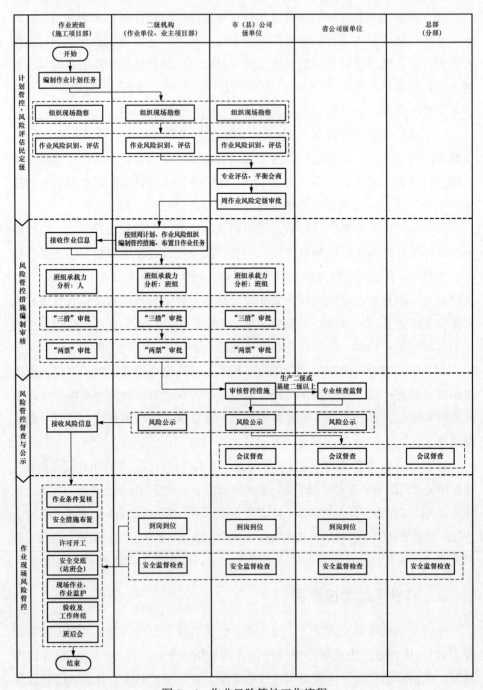

图 3-6 作业风险管控工作流程

1. 计划管理

（1）计划编制应结合设备状态、电网需求、基建技改及用户工程、保供电、气候特点、承载力、物资供应等因素，统筹协调各专业。

（2）作业任务应统筹考虑月度停电计划、管理和作业承载能力等情况，避免同时段高风险作业叠加。

（3）生产检修、大修技改、基建工程、营销作业、配（农）网工程、信息通信、产业单位承揽的内外部施工业务均应纳入作业计划，并及时、完整、准确地集成或录入平台，通过平台对作业计划实施刚性管理，严禁无计划作业。

（4）作业计划应包括作业内容、作业时间、作业地点、作业人数、工作票种类、专业类型、风险等级、风险要素、作业单位、工作负责人及联系方式、到岗到位人员信息等内容。

（5）作业计划按照"谁管理、谁负责"的原则实行分层分级管理，各专业计划管理人员应明确，严格计划编审、发布与执行的全过程监督管控。

（6）禁止随意更改和增减作业计划，特殊情况需追加或者变更作业计划，应履行审批手续后方可实施。

2. 风险识别

（1）作业任务确定后，应根据作业类型、作业内容，结合现场勘察情况，以防控人身触电、高处坠落、物体打击、机械伤害为重点，对可能存在的影响电网、设备及人身安全因素、危险源点和其他可能影响安全的薄弱环节进行识别。

（2）现场勘察一般应由工作负责人或工作票签发人组织，设备运维管理单位和作业单位相关人员参加；承发包工程作业应由项目主管部门、单位组织，设备运维管理单位和作业单位共同参与；对涉及多专业、多单位的大型复杂作业项目，应由项目主管部门、单位组织相关人员共同参与；输变电工程现场勘察参照《国家电网有限公司输变电工程施工安全风险管理规程》执行。

（3）现场勘察应填写现场勘察记录，包括工作地点需停电的范围，保留的带电部位，作业现场的条件、环境及其他危险点，需要采取的安全措施，附图及说明等内容。

（4）现场勘察记录是作业风险评估定级、编制"三措"和填写、签发工作票的依据。

3. 评估定级

（1）作业风险评估定级一般由工作票签发人或工作负责人组织，涉及多专业、多单位共同参与的大型复杂作业，应由作业项目主管部门、单位组织开展。

（2）根据安全风险的可能性、后果严重程度，作业风险从高到低分为一到五级。同一作业计划（日）内包含多个工序、不同等级风险工作时，按就高原则确定。

（3）生产作业、配（农）网工程施工作业、营销作业参照典型生产作业风险定级库进行风险定级；输变电工程按照《国家电网有限公司输变电工程施工安全风险管理规程》执行；迁改工程施工作业参照上述对应专业风险定级要求执行。

（4）一级风险作业不得直接实施，必须通过组织、技术措施降为二级及以下风险后方可实施。遇有恶劣天气、连续工作超 8 小时、夜间作业等情况宜提高风险等级进行管控。

（5）评估为三级及以上风险的作业计划，应由各单位专业管理部门（项目管理部门）审核确认，并实施风险预警；由作业单位填写作业安全风险预警管控单，如图 3-7 所示。专业管理部门审核风险评估准确性、风险控制措施合理性，明确到岗到位和安全督查人员；三级作业风险由各单位专业管理部门负责人签发，四级作业风险由市公司级单位分管领导签发；工作终结时风险预警解除。作业安全风险预警工作流程图如图 3-8 所示。

4. 管控措施制定

（1）作业风险管控措施由作业班组、相关专业管理部门和单位分级策划制定，并经逐级审批：四、五级风险作业，风险管控措施应由二级机构组织审核，工程施工作业由施工项目部审核；三级风险作业，风险管控措施应由地市级单位专业管理部门组织审核，工程施工作业由业主项目部审核；二级风险作业，风险管控措施应由地市级单位分管领导组织审核，工程施工作业由建设管理单位专业管理部门组织审核。

（2）开展班组员工承载力分析，合理安排作业力量。工作负责人胜任工作任务，作业人员技能、安全等级符合工作需要，管理人员到岗到位。

（3）组织协调停电手续办理，落实动态风险预警措施，做好外协单位或需要其他配合单位的联系工作。

作业安全风险管控单（模板）

××单位××专业〔××××年〕××号

发布部门（盖章）　　　　　　　　　　　发布日期：××××年××月××日

作业单位（部门）			
作业班组		工作负责人	
作业内容			
风险分析			
预警计划时间	××××年××月××日××时		
预警解除时间		风险等级	
管控措施			
现场勘察记录			
三措			
工作票			
危险点分析和控制			
到岗到位人员	姓名	联系电话	
安全督查人员	姓名	联系电话	
编制人员	姓名	联系电话	
审核人员	姓名	联系电话	
签发人员	姓名	联系电话	

图 3-7　作业安全风险预警管控单

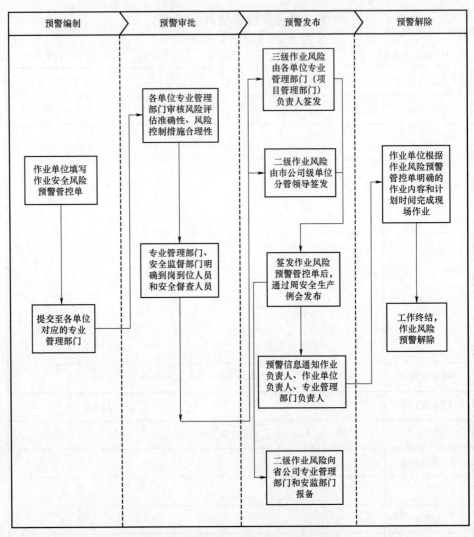

图 3-8 作业安全风险预警工作流程图

（4）资源调配满足现场工作需要，提供必要的设备材料、备品备件、车辆、机械、作业机具及安全工器具等。

（5）科学严谨制定方案。根据现场勘察情况组织制定施工"三措"（即组织措施、技术措施、安全措施）、作业指导书，有针对性和可操作性。危险性、复杂性和困难程度较大的作业项目工作方案，应经本单位批准后结合现场实际执行。

（6）组织方案交底。组织工作负责人等关键人、作业人员（含外协人员）、相关管理人员进行交底，明确工作任务、作业范围、安全措施、技术措施、组织措施、作业风险及管控措施。

（7）因现场作业条件变化引起风险等级调整的，应重新履行识别、评估、定级和管控措施制定审核等工作程序。

5. 风险管控督查例会

省公司、地市公司、县公司级单位按周组织作业风险管控工作督查会议，对本单位作业风险管控工作情况进行督查。

（1）省公司级单位每周由副总师及以上负责人主持、安监部门牵头召开督查会议，对本单位作业风险管控情况，各专业二级及以上作业风险评估定级、管控措施制定等进行督查。

（2）地市级单位每周由副总师及以上负责人主持、安监部门牵头召开督查会议，对本单位作业风险管控情况，各专业三级及以上作业风险评估定级、管控措施制定等进行督查。

（3）县级单位每周由分管领导及以上负责人主持、安监部门牵头召开督查会议，对本单位作业风险管控情况，各专业四级及以上作业风险评估定级、管控措施制定等进行督查。

6. 风险公示告知

（1）地市（县）公司级单位、二级机构以审定的作业计划、风险等级、管控措施为依据，每周日前对本层级（不含下层级）管理的下周所有作业风险进行全面公示。

（2）风险公示内容应包括作业内容、作业时间、作业地点、专业类型、风险等级、风险因素、作业单位、工作负责人姓名及联系方式、到岗到位人员信息等。

（3）地市（县）公司级单位作业风险内容由安监部门汇总后在本单位网页公告栏内进行公示；各中心、项目部等二级机构均应在醒目位置张贴作业风险内容。

7. 现场风险管控

现场实施主要风险包括电气误操作、继电保护"三误"（即误碰、误整定、误接线）、触电、高处坠落、机械伤害等。

现场实施风险管控主要措施与要求：

（1）严格执行工作票、操作票制度。正确使用工作票、动火工作票、二次安全措施票和事故应急抢修单，解锁操作应严格履行审批手续，并实行专人监护，接地线编号与操作票、工作票一致。

（2）严格执行状态交接制度。许可工作前工作许可人、工作负责人共同检查及确认现场安全措施，必要时进行补充完善，并做好相关记录。

（3）组织站班会，交代工作内容、人员分工、带电部位和现场安全措施，告知危险点及防控措施。核实作业机具、安全工器具和个人安全防护用品，确保合格有效；核实作业人员是否具备安全准入资格、特种作业人员是否持证上岗、特种设备是否检测合格。

（4）工作票（作业票）签发人或工作负责人对有触电危险、施工复杂、容易发生事故的作业，应增设专责监护人，确定被监护的人员和监护范围，专责监护人不得兼做其他工作。

（5）现场作业过程中，工作负责人、专责监护人应始终在作业现场，严格执行工作监护和间断、转移等制度，做好现场工作的有序组织和安全监护。工作负责人重点抓好作业过程中危险点管控，应用移动作业 App 检查和记录现场安全措施落实情况。

（6）建立健全生产作业到岗到位管理制度，明确到岗到位标准和工作内容，实行分层分级管理：三级风险作业，相关地市级单位或专业管理部门、县公司级单位负责人或管理人员应到岗到位；二级风险作业，相关地市级单位分管领导或专业管理部门负责人应到岗到位；涉及多专业、多单位的生产作业项目，地市级单位相关部门和单位应分别到岗到位；输变电工程到岗到位要求按照《国家电网有限公司输变电工程建设安全管理规定》执行。

（7）加强作业现场安全监督检查，对各类作业现场开展"四不两直"现场和远程视频安全督查。省公司级单位应对所辖范围内的二级风险作业现场开展全覆盖督查。地市公司级单位应对所辖范围内的三级及以上风险作业现场开展全覆盖督查。县公司级单位对所辖范围内的作业现场开展全覆盖督查。

（8）现场工作结束后，工作负责人恢复设备至工作许可前设备状态，配合设备运维管理单位做好验收工作，核实工器具、视频监控设备回收情况，清点作业人员，应用移动作业 App 做好工作终结记录。

（9）工作结束后组织全体班组人员召开班后会，对作业现场安全管控措施落实及"两票三制"执行情况进行总结评价。

8. 评价考核

（1）定期分析评估作业风险管控工作执行情况，督促落实安全管控工作标准和措施，持续改进和提高作业安全管控工作水平。

（2）将作业风险管控工作纳入日常督查工作内容，将无计划作业、随意变更作业计划、风险评估定级不严格、管控措施不落实等情形纳入违章行为进行严肃通报处罚。

9. 应急处置

针对现场具体作业项目编制风险失控现场应急处置方案。组织作业人员学习并掌握现场处置方案，现场应急处置方案范例见附录 B。现场工作人员应定期接受培训，学会紧急救护法，会正确脱离电源，会心肺复苏法，会转移搬运伤员等。

四、典型作业安全风险辨识与控制

（一）设备巡视作业安全风险辨识与控制

1. 公共部分

序号	辨识项目	辨识内容
1	气象条件	（1）雷雨天气，需要巡视室外高压设备时，应穿绝缘靴，并不准靠近避雷器和避雷针，不得触碰设备、架构。 （2）火灾、地震、台风、冰雪、洪水、泥石流、沙尘暴等灾害发生时，如需要对设备进行巡视时，应制定必要的安全措施，得到设备运维管理单位（部门）分管领导批准，并至少两人一组，巡视人员应与派出部门之间保持通信联络。 （3）夜间巡视，应保证照明设备完好。 （4）配备智能巡检机器人的变电站，在大雾（霾）、毛毛雨、覆冰（雪）等恶劣天气过程中，应充分利用智能巡检机器人开展设备巡视
2	作业人员	（1）作业人员身体、精神状况不佳及着装不符合要求，发生人身伤害事故。 （2）作业人员业务技能不适合现场工作要求，发生人身伤害事故
3	作业安全策划	（1）未根据巡视路线巡视，造成巡视不到位，设备缺陷未发现，导致事故。 （2）标准化作业文件的编制、审批和执行未按有关规程、标准和制度要求严格执行，致使现场危险点分析、控制措施不充分、现场作业不规范，导致事故。 （3）现场没有应用有效的安全控制手段，作业人员违章作业导致事故

2. 专业部分

序号	辨识项目	辨识内容	典型控制措施
1	巡视设备	（1）巡视设备时，超出巡视工作范围做其他工作、思想不集中，移开或越过遮栏等，人员与带电部位距离不够，造成触电	1）巡视高压设备的人员必须经本单位批准。 2）巡视高压设备时，必须思想集中，不得进行其他工作，不得移开或越过遮栏，不得攀登设备构架。 3）若需移开或越过遮栏时，必须有监护人在场，并与设备保持足够的安全距离。 4）巡视中运维人员应按照巡视路线进行，在进入设备室、打开机构箱、屏柜门时不得进行其他工作

续表

序号	辨识项目	辨识内容	典型控制措施
1	巡视设备	（2）高压设备发生接地时，人员与接地之间小于规定的安全距离，没有采取防范措施。电流互感器二次开路处理中，未做好相应的防护措施，造成触电伤害	1）巡视人员与接地点的安全距离，室外应距故障点8m以外，室内应距故障点4m以外。进入上述范围必须穿绝缘靴，接触设备外壳和构架时，应戴绝缘手套。 2）查找电流互感器二次开路等故障点时，应穿绝缘靴或站在绝缘垫上，并使用绝缘的工具；如需临时处理，应使用绝缘工具，处理故障时，应将故障设备停电
		（3）雷雨天气巡视设备时，靠近避雷器、避雷针，遇雷反击，造成触电，如靠近避雷针和避雷器、撑伞巡视等	1）雷雨天气需要巡视室外高压设备时，应穿绝缘靴，戴安全帽，并不得靠近避雷针和避雷器。 2）应穿雨衣，严禁打伞巡视
		（4）夜间熄灯巡视设备时，巡视人员因光线不足，误入带电区域，造成触电伤害	1）经常保持照明灯具电源充足。 2）巡视人员与带电设备保持足够的安全距离。 3）严格按照巡视路线进行巡视
		（5）设备存在重大隐患，造成人身伤害，如设备发生爆炸、碎片伤人等	1）巡视时，巡视人员应着装规范，劳保品佩戴齐全且规范。 2）巡视人员与高压设备保持安全距离
		（6）对电缆隧道、电缆沟、电缆井、地下管道、深基坑等有限空间进行巡视前未通风、未检测含氧量，从而导致中毒、窒息、燃爆	1）遵守"先通风、再检测、后作业"的原则。 2）检测氧浓度、易燃易爆物质（可燃性气体、爆炸性粉尘）浓度、有毒有害气体浓度，应符合相关国家标准或者行业标准规定。 3）检测的时间不得早于巡视开始前30min。 4）携带必要的防护装备，如呼吸防护用品、便携式气体检测报警仪、照明灯和对讲机等
		（7）进入户内 SF_6 设备室或 SF_6 设备发生故障气体外逸，巡视人员窒息或中毒	1）进入户内 SF_6 设备室巡视时，运维人员应检查氧量仪和 SF_6 气体泄漏报警仪正常，显示 SF_6 含量超标时人员不得进入。 2）进入户内 SF_6 设备室之前，应先通风15min以上，并用仪器检测含氧量（不低于18%）合格。 3）室内 SF_6 设备发生故障，人员应迅速撤出现场，开启所有排风机进行排风。未佩戴防毒面具或正压式空气呼吸器人员禁止入内
2	运行维护工作（当值人员更换熔断器、卫生清扫、测温等）	（1）当值运维人员更换高压熔断器、贴试温蜡片、测温、卫生清扫等工作失去监护，人员误入、误登、误碰带电设备	1）工作前应明确危险点，采取必要的控制措施。 2）更换跌落式高压熔断器必须经值班调控人员同意，使用合格的绝缘操作杆并戴绝缘手套。 3）更换高压熔断器必须经值班调控人员同意，将该设备转检修。 4）工作时加强安全监护，及时纠正不安全行为
		（2）当值运维人员进行更换低压熔断器、二次设备清扫、更换灯泡等工作，工器具选择不当，未与带电设备保持安全距离，造成人员触电，如清扫设备时安全距离小于规定值、没有使用安全工器具、工具的金属部分未用绝缘物包扎等	1）作业人员使用绝缘或采取绝缘包扎措施的工具。 2）工作中，应站在干燥的绝缘物上进行，并戴手套和安全帽，穿工装

（二）运行操作作业安全风险辨识与控制

1. 公共部分

序号	辨识项目	辨识内容
1	气象条件	（1）在雨、雪、大风、雷电、大雾等气候条件下一般不宜进行室外操作。雷电活动时，禁止在就地进行倒闸操作（具备遥控操作条件的应转为遥控操作，否则应汇报值班调控人员暂缓操作，待雷电活动停止后进行）。 （2）雨天室外操作高压设备时，应穿绝缘靴（接地网电阻不符合要求，晴天也应穿绝缘靴）。 （3）雨雪天气时不得进行室外直接验电操作，应按《变电安规》要求实施间接验电；母线间接验电，判断时至少应有两个非同样原理或非同源的指示发生对应变化：后台母线电压指示为零、母线避雷器泄漏电流指示为零、该母线上所有母线隔离开关均已拉开。 （4）恶劣气候条件下确需操作时，应根据当时天气情况做好人员和操作用具的安全防护措施，如操作人员戴好安全帽、穿绝缘靴等；同时，最大限度保证操作安全工器具干燥，如必须借用绝缘杆进行雨天室外设备操作时，绝缘杆应有防雨罩，罩的上口应与绝缘部分紧密结合，无渗漏现象。使用绝缘杆前，应检查绝缘杆合格并擦拭干净，受潮后的绝缘杆严禁使用；操作时，应戴绝缘手套，绝缘杆应全部拉出；操作中，应注意防止受潮，不允许随意放置在地面上。 （5）倒闸操作应尽量避免在交接班、高峰负荷、异常运行和恶劣天气等情况时进行
2	操作人员	（1）当班值班负责人合理分配值内工作任务，保证操作人员有良好的精神状态和体力；连续性日夜工作的人员尽量避免进行倒闸操作。 （2）当班值班负责人、所办人员、现场稽查人员等发现操作人员精神不振、注意力不集中时，应即时询问、提醒，必要时更换合适的人员。 （3）当班值班负责人根据操作任务特点及当时环境状态（包括气候），检查或提醒操作人员操作中做好个人安全防护工作。 （4）对大型重要和复杂的倒闸操作，应组织操作人员进行讨论，由熟练的运维人员操作，运维负责人监护。 （5）如已知设备缺陷影响正常倒闸操作功能，必要时可请检修部门协助操作，但应提前联系确定，操作前确认检修人员已到达操作现场，并按《安规》要求，做好相关准备工作，才能对该设备操作。 （6）对于所辖变电站同日有多点操作任务时应充分估计困难，必要时预先报告专业室主管生产领导协调。 （7）检查现场配备必需的应急药品，如防暑降温药品
3	安全工器具	（1）按操作任务所需准备好合格的安全工器具，防止发生因安全工器具准备不足发生中断操作的情况。 （2）按安全工器具检查规范要求，检查验电器、绝缘靴、绝缘手套等外观良好，符合安全要求，且在试验周期内。 （3）检查"五防"电脑钥匙电量充足，防止电脑钥匙操作中断电而影响后续操作
4	运行方式	（1）检修工作结束后，检修设备应有可投运结论，并应按《检修后设备状态交接验收规定》要求，核对一、二次设备的状态（包括保护定值）是否符合要求，保证设备验收合格后可随时投运。若有同一停役申请下多张工作票工作的情况，则应检查所有工作票已终结。 （2）操作前应核对模拟图板一次主接线、后台监控实时一次主接线、"五防"预演一次主接线运行方式与当时现场实际设备运行方式一致。 （3）检查所拟操作票，实际运行方式符合当前操作要求

2. 专业部分

序号	辨识项目	辨识内容	典型控制措施
1	电脑钥匙操作	（1）因"五防"电脑钥匙断电，造成无法操作或操作数据回传，使后台"五防"系统设备状态与现场设备实际状态不一致	1）操作前检查"五防"电脑钥匙电量充足。 2）若发生"五防"电脑钥匙断电无法操作，则用充好电的电脑钥匙，重新进行"五防"预演后操作。 3）若因"五防"电脑钥匙断电造成操作数据无法回传，对于已装或已拆的接地线，值长必须对操作的结果进行核查，并办理紧急解锁手续，使用"离线对位"功能，强制使后台"五防"系统与实际设备装、拆的接地线位置相对应
		（2）预演完毕，数据传入电脑钥匙后，应浏览确认预演步骤是否正确，防止因装置原因漏写操作步骤，造成误操作	1）预演完毕，数据传入电脑钥匙后，应使用浏览功能检查钥匙内步骤正确传入。 2）操作中严格按操作票步骤执行操作，发现电脑钥匙异常，立即停止操作处理
2	隔离开关操作	（1）GW7、GW4、GW16型隔离开关操作：机构卡涩或连杆断落现象较多，影响操作人员安全	1）操作前向监护人和操作人告知危险点，进入操作现场严格按要求落实个人劳动保护措施。 2）操作中注意站位，并密切关注隔离开关动作情况，发生意外应及时躲避。 3）特殊情况需用绝缘杆进行调整时，应检查绝缘杆符合要求（电压等级、试验合格且在周期内）；绝缘杆的连接必须在水平位置进行，防止连接过程中因有效安全距离不够而造成人身触电。 4）操作人员在使用绝缘杆进行调整操作时，必须戴绝缘手套。 5）调整过程中，绝缘杆不得与带电隔离开关绝缘子碰触，防止有效绝缘长度不足。 6）操作锈蚀特别严重的设备时宜通知检修人员陪同操作，出现问题应及时处理
		（2）GG1A型10kV高压开关柜隔离开关操作：由于重力影响，会导致开关刀闸掉落，造成隔离开关合上，影响安全	1）母线侧隔离开关拉开后应及时将该隔离开关锁上。 2）用绝缘杆在母线侧隔离开关上挂绝缘罩进行隔离
		（3）部分隔离开关辅助接点切换不良，影响防误闭锁	1）隔离开关操作时，后台监控人员即时告知操作人员隔离开关变位情况，以便及时处理。 2）如全部操作完成后才发现隔离开关辅助接点接触不良，则禁止再对隔离开关进行实际操作。 3）隔离开关操作时，发现异常情况应立即停止操作并进行正确处理，如断开隔离开关操作电源后再检查处理，防止处理中发生不正确动作。 4）操作中对发现遥信不定态或不变位检查处理时，应核对命名正确无误，落实安全措施，防止跑错间隔而引起误操作
		（4）母线隔离开关操作后，辅助接点切换异常，造成母差保护误动或拒动，电能计费异常	1）操作结束后应检查母差保护屏上隔离开关位置继电器或位置指示已正常切换。 2）检查电能表重动继电器屏上继电器位置接点已正常切换。 3）操作结束后值长应提醒监护人和操作人进行检查或按操作评价复查要求，亲自进行检查

续表

序号	辨识项目	辨识内容	典型控制措施
2	隔离开关操作	（5）长期未操作隔离开关的操作：合闸操作后可能因接触电阻大或合闸不到位，带上负荷后隔离开关触头发热	1）仔细检查合闸操作后隔离开关触头位置接触良好。 2）对于长期未操作的隔离开关，带负荷后应进行红外测温
3	装拆接地线	（1）装设 JDX 型接地线，夹头脱落伤人或损坏设备	1）装、拆接地线过程中监护人、操作人防护措施落实到位，站位正确，互相保护。 2）装时先中相后边相，拆时相反，防止绝缘操作杆带接地线横向邻近带电设备。 3）装拆时夹头与操作杆卡口应装准，夹头与导线连接后用操作杆旋紧时用力应微微向上
		（2）接地线挂设时，操作人员肢体触碰接地线导线，影响人身安全	1）装设接地线应先接接地端，后接导体端，接地应接触良好，连接应可靠；拆接地线的顺序与此相反。 2）装、拆接地线导体端应使用绝缘棒，戴绝缘手套。 3）操作过程监护人加强监护，及时提醒操作人不得碰触接地线或未接地的导线，以防止触电
4	压板操作	（1）GOOSE 软压板操作不正确造成误操作：GOOSE连接关系比较复杂，取对侧GOOSE压板的操作方式易导致保护功能的投退不正确	1）以保护屏为单位进行整屏停用操作。 2）后台监护人员根据后台设置的压板智能巡视总图，对操作过程实施后台动态监视，若发现异常应及时告知现场操作人员停止操作并进行分析处理，操作结束应及时进行状态核对检查
		（2）常规变电站硬压板操作：由于上下、左右压板之间相隔间距小，或者压板因触点接触不良，造成压板投退不正确	1）将上下两排压板用细红线进行分隔。 2）将正常运行方式下常投压板用红点进行标注。 3）操作后结合装置面板、后台系统核对设备状态
5	电气设备防误装置	（1）防误闭锁装置功能不正常，强行解锁造成误操作：程序出错，逻辑关系错误，锁具或钥匙失灵等	1）操作中若出现无法继续操作的情况，应查清原因，不得在原因不明情况下强行解锁。 2）如确为防误装置问题，应执行《国家电网公司防止电气误操作安全管理规定》，严禁擅自解锁操作。 3）应将存在的问题纳入缺陷管理，及时进行消缺
		（2）防误闭锁装置覆盖面不全，造成误操作：闭锁有漏点，没加挂机械锁等	1）高压电气设备的防误装置如有遗漏点应及时消除。 2）应定期检查防误装置完好。 3）操作中发现有漏点时，应采取临时闭锁措施（加装临时挂锁等），操作结束后立即消缺
		（3）设备无法直接验电，因联络线设备的电气闭锁装置不可靠（如高压带电显示装置提示错误、高压带电显示闭锁装置闭锁失灵）造成误操作	1）对无法验电的设备应采取间接验电。 2）间接验电必须通过对设备状态、信号、计量等信息采取两个非同样原理或非同源的指示发生对应变化来判别
6	防误闭锁装置解锁操作	（1）后台监控防误：操作220kV 母线隔离开关时发生后台监护防误闭锁	发生类似问题，应立即停止操作，汇报相关人员，组织现场分析，确认后台监护误闭锁，才允许按紧急解锁流程拉合母设测控装置遥信电源，检查防误逻辑闭锁正常后执行操作

续表

序号	辨识项目	辨识内容	典型控制措施
6	防误闭锁装置解锁操作	（2）擅自解除防误闭锁装置	操作过程中出现异常情况，应立即停止操作，查明原因。如有必要使用紧急解锁钥匙，必须严格执行倒闸操作紧急解锁管理规定，办理相应审批手续，严禁擅自或随意执行解锁操作
		（3）HGIS 或 GIS 设备解锁操作：解锁钥匙通用，且解锁后，对整个间隔的设备均可实现操作	对于 HGIS 或 GIS 设备解锁操作，办理相关审批手续后，对现场解锁操作宜实行双重监护，确保解锁设备命名核对正确无误才可进行解锁操作
7	二次设备误操作	（1）切换保护压板未考虑保护和自动装置联跳回路影响，造成误操作，如母差保护回路、失灵联跳回路、负荷联切回路、备自投装置、跳闸压板切换等误（漏）投退等	1）正值（值班长）向副值（正值）详细布置操作任务和填写操作票注意事项。 2）副值（正值）根据值班调控人员指令票任务、内容和注意事项，核对变电站现场一次、二次运行方式，参照典型操作票，依照实际设备情况逐项正确填写操作票。 3）对于差动回路的切换，应根据原理图和调度规程的有关要求来确定操作顺序。 4）加强针对性培训，确保操作人员知晓本站保护和自动装置联跳回路的原理
		（2）交直流电压小开关误投、误退，造成误操作	1）正确填写操作票，操作中逐项操作打勾。 2）操作结束后全面检查，确认无遗漏项目
		（3）电流互感器二次端子接线与一次设备方式不对应，造成误操作。如：二次端子操作顺序错误等	操作电流互感器二次端子后，在投退有关保护装置前要检查差动保护电流
		（4）定值切换未按要求进行或定值整定错误，造成误操作。如：定值切换顺序错误、计算错误、未核对定值等	1）操作时，核对调度指令中定值单号与现场定值单一致，并与值班调控人员进行核对。 2）正确进行一、二次定值的换算
		（5）两个系统并列操作时未同期合闸，造成误操作，如同期装置故障、非同期并列等	1）定期进行同期装置的维护。 2）系统并列断路器合闸前，检查同期装置应正常。 3）系统并列操作应由有经验的值班人员进行

（三）事故应急抢修操作作业安全风险辨识与控制

1. 公共部分

序号	辨识项目	辨识内容
1	气象条件	（1）在雨、雪、大风、雷电、大雾等气候条件下一般不宜进行室外操作。雷电活动时，禁止在就地进行倒闸操作（具备遥控操作条件的应转为遥控操作，否则应汇报值班调控人员暂缓操作，待雷电活动停止后进行）。 （2）雨天在室外操作高压设备时，应穿绝缘靴（接地网电阻不符合要求，晴天也应穿绝缘靴）。 （3）雨雪天气时不得进行室外直接验电操作，应按《安规》要求实施间接验电；母线间接验电，判断时至少应有两个非同样原理或非同源的指示发生对应变化；后台母线电压指示为零、母线避雷器泄漏电流指示为零、该母线上所有隔离开关均已拉开。

续表

序号	辨识项目	辨识内容
1	气象条件	（4）恶劣气候条件下确需操作时，应根据当时天气情况做好人员和操作用具的安全防护措施，操作人员戴好安全帽、穿绝缘靴等；同时，最大限度保证操作安全工器具干燥，如必须借用绝缘杆进行雨天室外设备操作时，绝缘杆应有防雨罩，罩的上口应与绝缘部分紧密结合，无渗漏现象。使用绝缘杆前，应检查绝缘杆合格并擦拭干净，受潮后的绝缘杆严禁使用；操作时，应戴绝缘手套，绝缘杆应全部拉出；操作中，应注意防止受潮，不允许随意放置在地面上。 （5）水淹设备未经清洗干燥，并经绝缘、耐压等相关试验正常的，不得恢复送电。 （6）倒闸操作应尽量避免在交接班、高峰负荷、异常运行和恶劣天气等情况时进行
2	操作人员	（1）恶劣气候期间事故高发，所办人员随时准备介入事故处理现场指挥，必要时调用变电站应急值班力量，支援事故处理。 （2）当班值班负责人及时组织好事故处理，组织好现场事故处理分工，检查人员的精神状态是否符合操作安全要求，避免值班人员疲劳操作。如属责任性原因引起的事故，事故责任者不宜参加事故处理操作。 （3）当班值班负责人、所办人员、现场稽查人员等发现事故处理操作人员精神不振、注意力不集中时，应即时询问、提醒，必要时更换合适的人员。 （4）事故处理时，当班值班负责人应根据事故现场情况及环境状态（包括气候），检查或特别强调操作人员在操作中做好个人安全防护工作。 （5）对大型重要和复杂的倒闸操作，应组织操作人员进行讨论，由熟练的运维人员操作，运维负责人监护。 （6）对于所辖变电站同日有多点事故情况发生时，应及时汇报专业室主管生产领导协调，增派事故处理力量。 （7）进行强电场区域（500kV系统断路器与电流互感器间、35kV低压电抗器区域）操作，应穿戴屏蔽服。 （8）检查现场配备必需的应急药品，如防暑降温药品
3	安全工器具	（1）按事故处理操作任务准备好合格的安全工器具，防止发生因安全工器具准备不足而发生中断操作的情况。 （2）按安全工器具检查规范要求，检查验电器、绝缘靴、绝缘手套等外观良好，符合安全要求，且在试验周期内。 （3）检查"五防"电脑钥匙电量充足，防止电脑钥匙操作中断电而影响后续操作
4	运行方式	（1）事故处理时，应根据当时运行方式的变化确定最佳操作方案，核对事故应急处理操作票，当时实际运行方式是否符合操作要求，防止盲目操作。 （2）操作前根据当时现场设备运行方式，核对后台监控实时一次主接线、"五防"预演一次主接线三者运行方式一致。 （3）抢修工作结束后，应按《检修后设备状态交接验收规定》的要求，核对一、二次设备的状态（包括保护定值）是否符合要求，保证设备验收合格后随时投运

2. 专业部分

序号	辨识项目	辨识内容	典型控制措施
1	电脑钥匙操作	（1）因"五防"电脑钥匙断电，造成无法操作或操作数据回传，使后台"五防"系统设备状态与现场设备实际状态不一致	1）操作前检查"五防"电脑钥匙电量充足。 2）若发生"五防"电脑钥匙断电无法操作，则用充好电的电脑钥匙重新进行"五防"预演后操作。 3）若因"五防"电脑钥匙断电造成操作数据无法回传，对于已装或已拆的接地线，值长必须对操作的结果进行核查，并办理紧急解锁手续，使用"离线对位"功能，强制使后台"五防"系统与实际设备装拆的接地线位置相对应

续表

序号	辨识项目	辨识内容	典型控制措施
1	电脑钥匙操作	（2）预演完毕，数据传入电脑钥匙后，应浏览确认预演步骤正确，防止因装置原因漏写操作步骤，造成误操作	1）预演完毕，数据传入电脑钥匙后，应使用浏览功能检查钥匙内步骤正确传入。 2）操作中严格按操作票步骤执行操作，发现电脑钥匙异常，立即停止操作处理
2	装拆接地线	（1）装设 JDX 型接地线，夹头脱落伤人或损坏设备	1）装拆接地线过程中监护人、操作人防护措施落实到位，站位正确，互相保护。 2）装时先中相、后边相，拆时相反，防止绝缘操作杆带接地线横向邻近带电设备。 3）装设时夹头与操作杆卡口应装准，夹头与导线连接后用操作杆旋紧时用力应微微向上
2	装拆接地线	（2）挂设接地线时，操作人员肢体触碰接地线导线，影响人身安全	1）装设接地线应先接接地端、后接导体端，接地线应接触良好，连接应可靠；拆接地线的顺序与此相反。 2）装拆接地线导体端均应使用绝缘棒、戴绝缘手套。 3）操作过程监护人加强监护，及时提醒操作人不得碰触接地线或未接地的导线，防止触电
3	事故应急抢修操作	（1）擅自扩大事故应急抢修操作规定范围，现场防护措施不当	1）在发生人身触电事故时，为了抢救触电人，可以不经过许可，即行断开有关设备的电源，但事后应立即报告值班调控人员和上级部门。 2）保证故障处理、抢修能及时进行，要求值班调控人员及时将故障设备状态改变如下： a.现场故障明显、故障点明确的，该故障设备改为检修状态； b.现场故障不明显、故障点不明确的，则故障跳闸设备单元改为冷备用状态（由母差保护及自动装置动作跳闸的，保持原状）。 3）现场抢修需进一步改变设备状态或扩大停役范围的，由现场总指挥提出。 4）操作过程中遇到设备异常应终止操作，应做安全措施和预控，如隔值后续操作，则应对设备状态做好交接工作。 5）严格按事故处理规程操作；严格按调度命令操作；主变压器或线路过载，应严格按 $N-1$ 限电顺序处理；尽快隔离故障点，在未做好安全措施前避免近故障点
3	事故应急抢修操作	（2）执行事故应急抢修操作时，擅自或盲目扩大无票操作规定	1）允许下列操作可以不用操作票操作，但完成操作后应做好记录，事故应急处理应保存原始记录： a.事故应急处理； b.拉合断路器的单一操作。 2）故障抢修的操作，应采用调度指令操作形式。 3）涉及地、县两级调控中心的设备间隔（如主变压器），停、复役操作由地调统一发令操作，发令前由地调特别明确。 4）故障处理停役操作，可以不填写操作票，但应使用典型操作票或事故紧急处理操作卡。直接应用的操作卡应经单位分管领导批准，并有相应管理制度。 5）调控部门应及时确定故障后的复役方案，及时下达复役操作任务，当地变电站及时开好操作票。 6）停、复役操作，对多个操作任务且不存在先后操作次序的，在确保安全的前提下允许进行多组并行操作和批量操作，但规定以不存在先后操作次序的操作任务组为界，防止操作任务组相互交叉。 7）大范围的停电操作，必须将工作范围的各来电侧一次设备改检修状态（包括电压互感器、电容器等），取下有互跳、合功能的保护及自动装置出口压板，允许工作范围内的其他设备不操作。工作许可时应交待清楚，复役操作前应核实原始状态

续表

序号	辨识项目	辨识内容	典型控制措施
3	事故应急抢修操作	（3）操作及事故处理时注意力不集中、精力分散或过度紧张，造成误操作	1）操作的全过程均应精力集中，不要进行与操作无关的其他工作。 2）处理事故时要冷静、认真，严格按运行专业室《变电站事故处理基本流程》进行，防止事故扩大。 3）控制室、值班室等工作场所应保持良好的工作环境
4	事故处理时 500kV 保护操作	500kV 很多保护出口自保持，恢复操作中可能造成断路器再次跳闸	1）500kV 母差保护、主变压器保护或断路器失灵保护工作或事故跳闸后，出口继电器和信号灯应及时复归，防止断路器合上时出口误跳。 2）出口压板放上前，须先测量压板两端确无电压

（四）新设备投产启动操作作业安全风险辨识与控制

1. 公共部分

序号	辨识项目	辨识内容
1	运行准备	（1）新设备投产启动运行准备工作不到位，不具备现场启动条件。 （2）新设备投产启动方案不熟悉，未对值班员组织投产启动操作方案、安全注意事项或安全技术措施交底。 （3）新设备投产启动现场安全工作秩序混乱，影响值班员现场接发令工作
2	气候条件	（1）在雨、雪、大风、雷电、大雾等气候条件下一般不宜进行室外操作。雷电活动时，禁止在就地进行倒闸操作（具备遥控操作条件的应转为遥控操作，否则应汇报值班调控人员暂缓操作，待雷电活动停止后进行）。 （2）雨天室外操作高压设备时，应穿绝缘靴（接地网电阻若不符合要求，晴天也应穿绝缘靴）。 （3）雨雪天气时不得进行室外直接验电操作，应按《变电安规》要求实施间接验电；间接验电时，判断时，至少应有两个非同样原理或非同源的指示发生对应变化。 （4）恶劣气候条件下确需操作时，应根据当时天气情况做好人员和操作用具的安全防护措施；操作人员戴好安全帽、穿绝缘靴等；同时，最大限度保证操作安全工器具干燥，如必须借用绝缘杆进行雨天室外设备操作时，绝缘杆应有防雨罩，罩的上口应与绝缘部分紧密结合，无渗漏现象。使用绝缘杆前，应检查绝缘杆合格并擦拭干净，受潮后的绝缘杆严禁使用；操作时，应戴绝缘手套，绝缘杆应全部拉出；操作中，应注意防止受潮，不允许随意放置在地面上
3	操作人员	（1）新设备投产启动操作时间长，工作量大，应尽量避免连续性日夜工作的人员进行倒闸操作。所办人员应根据投产启动方案、操作任务量和现场实际情况增加操作人员轮换操作。 （2）当班值班负责人根据当班投产操作任务，合理安排人员休息时间，保证操作人员有良好的精神状态和体力。 （3）当班值班负责人、所办人员、现场稽查人员等发现操作人员精神不振、注意力不集中时，应即时询问、提醒，必要时更换合适的人员。 （4）当班值班负责人根据操作任务特点及当时环境状态（包括气候），检查或提醒操作人员操作中做好个人安全防护工作。 （5）对于所辖变电站同日有多点操作任务时应充分估计困难，必要时预先报告专业室主管生产领导协调。 （6）进行强电场区域（500kV 系统断路器与电流互感器间、35kV 低压电抗器区域）操作，应穿戴屏蔽服。 （7）检查现场配备必需的应急药品，如防暑降温药品

续表

序号	辨识项目	辨识内容
4	安全工器具	（1）按操作任务所需准备好合格的安全工器具，防止发生因安全工器具准备不足而发生中断操作的情况。 （2）按安全工器具检查规范要求，检查验电器、绝缘靴、绝缘手套等外观良好，符合安全要求，且在试验周期内。 （3）检查"五防"电脑钥匙电量充足，防止电脑钥匙操作中断电而影响后续操作
5	运行方式	（1）所有继电保护、自动装置的整定单（值），投产启动设备状态（包括主变压器、站用变分接开关位置）的调整、检查核对均应正确到位（包括一次系统模拟图板、后台监控系统），符合投产启动方案要求。 （2）操作前应再次核对模拟图板一次主接线、后台监控实时一次主接线、"五防"预演一次主接线运行方式与当时现场实际设备运行方式一致。 （3）检查所拟操作票，实际运行方式符合当前操作要求。 （4）各轮值之间做好投产启动期间启动设备运行方式核对交接工作

2. 专业部分

序号	辨识项目	辨识内容	典型控制措施
1	电脑钥匙操作	（1）因"五防"电脑钥匙断电，造成无法操作或操作数据回传，使后台"五防"系统设备状态与现场设备实际状态不一致	1）操作前检查"五防"电脑钥匙电量充足。 2）若发生"五防"电脑钥匙断电无法操作，则用充好电的电脑钥匙，重新进行"五防"预演后操作。 3）若因"五防"电脑钥匙断电造成操作数据无法回传，对已装或已拆的接地线，值长必须对操作的结果进行核查，并办理紧急解锁手续，使用"离线对位"功能，强制使后台"五防"系统与实际设备装拆的接地线位置对应
		（2）预演完毕，数据传入电脑钥匙后，应浏览确认预演步骤正确，防止因装置原因漏写操作步骤造成误操作	1）预演完毕，数据传入电脑钥匙后，应使用浏览功能检查钥匙内步骤正确传入。 2）操作中严格按操作票步骤执行操作，若发现电脑钥匙异常，应立即停止操作处理
2	操作配合人员	操作配合人员检查一次设备状态位置时，防止人身伤害或引发误操作	1）操作配合人员落实个人劳动保护措施，随时保持通信联络。未接到检查指令前应与被检查设备保持安全距离，防止设备带电冲击时爆炸伤人。 2）操作配合人员不在 SF_6 设备防爆膜附近停留；单人检查 SF_6 设备时，应尽量站在上风口；进入 SF_6 配电装置室，入口处若无 SF_6 气体含量显示器，应先通风 15min，并用检漏仪测量 SF_6 气体含量合格；尽量避免一人进入 SF_6 配电装置室进行检查。 3）操作人员完成远方设备操作后，才允许指令操作配合人员到达被检查设备位置，并严格执行唱票复诵制，正确规范使用操作术语指令操作并配合人员检查设备实际状态，操作配合人员检查核对设备状态达到操作目的后，按同要求汇报远方操作人员

续表

序号	辨识项目	辨识内容	典型控制措施
3	防误闭锁装置解锁操作	（1）擅自解除防误闭锁装置	操作过程中出现异常情况时应立即停止操作，查明原因。如有必要使用紧急解锁钥匙，必须严格执行倒闸操作紧急解锁管理规定，办理相应审批手续，严禁擅自或随意执行解锁操作
		（2）HGIS 或 GIS 设备解锁操作：解锁钥匙通用，且解锁后对整个间隔的设备均可实现操作	对于 HGIS 或 GIS 设备解锁操作，办理相关审批手续后，对现场解锁操作宜实行双重监护，确保解锁设备命名核对正确无误才进行解锁操作

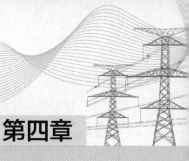

第四章

隐 患 排 查 治 理

第一节 概 述

安全隐患排查治理是企业管理的重要内容，按照"谁主管、谁负责"和"全覆盖、勤排查、快治理"的原则，明确责任主体，落实职责分工，实行分级分类管理，做好全过程闭环管控。

一、定义与分级

安全隐患是指在生产经营活动中，违反国家和电力行业安全生产法律法规、规程标准以及国家电网公司安全生产规章制度，或因其他因素可能导致安全事故（事件）发生的物的不安全状态、人的不安全行为、作业环境不良和安全管理方面的缺失等。

根据可能造成的事故后果，安全隐患分为重大隐患、较大隐患、一般隐患、较小隐患四个等级。

（1）重大隐患主要包括可能导致以下后果的安全隐患：

1）一至二级电网、设备事件；

2）一至四级人身事件；

3）水电站大坝溃决事件；

4）特大或重大火灾事故；

5）特大交通事故。

（2）较大隐患主要包括可能导致以下后果的安全隐患：

1）三至四级电网、设备事件；

2）五至六级人身事件；

3）五级信息系统事件；

4）水电站大坝漫坝事件；

5）较大或一般火灾事故；

6）重大交通事故；

7）安全管理隐患：违反国家、行业安全生产法律法规的管理问题。

（3）一般隐患主要包括可能导致以下后果的安全隐患：

1）五至六级电网、设备事件；

2）七至八级人身事件；

3）六至七级信息系统事件；

4）一般交通事故；

5）安全管理隐患：违反省级地方性安全生产法规和公司安全生产管理规定的管理问题；

6）其他对社会及公司造成较大影响的事件。

（4）较小隐患主要包括可能导致以下后果的安全隐患：

1）七至八级电网、设备事件；

2）八级信息系统事件；

3）轻微交通事故；

4）安全管理隐患：违反省公司级单位安全生产管理规定的管理问题。

根据隐患产生原因和导致事故（事件）类型，隐患分为人身安全隐患、系统运行安全隐患、设备安全隐患、网络安全隐患、消防安全隐患、大坝安全隐患、安全管理隐患和其他安全隐患八类。

二、职责分工

（1）各单位是安全隐患排查、治理和防控的责任主体。各单位主要负责人对本单位隐患排查治理工作负全面领导责任；分管负责人对分管业务范围内的隐患排查治理工作负直接领导责任。

（2）各级安全生产委员会是本单位安全隐患排查治理工作的领导机构，负责建立健全安全隐患排查治理规章制度，组织实施隐患排查治理工作，协调解决工作中存在的重大问题，保障隐患排查治理人员、资金和物资需求。

（3）各级安委办是本单位安全隐患排查治理工作领导机构办公室，负责安全隐患排查治理工作的综合协调和监督管理，组织和督促安委会成员单位编制、修订隐患排查标准，对隐患排查治理工作进行监督、检查、评价、考核。

（4）各级设备（运检）、建设、互联网、水新、产业、调控等专业部门是本专业隐患排查治理的归口管理部门，按照"管业务必须管安全"的原则，负责本专业隐患标准编制、排查组织、评估认定、治理实施、检查验收和业务指导工作；各级发展、财务、物资等部门负责安全隐患治理所需的项目、资金、物资等投入保障。

（5）各级从业人员负责管辖范围内安全隐患的排查、登记、报告，实施整改治理，并根据职责分工，定期报送隐患信息。

（6）对于生产经营项目或工程项目发包、场所出租等业务，各级单位应与承包、承租单位签订安全管理协议，并在协议中明确各方对安全隐患排查、治理和管控的管理职责，按照"谁发包谁负责、谁出租谁负责"的原则，对承包、承租单位隐患排查治理负有统一协调和监督管理责任。

第二节　隐患标准及隐患排查

一、隐患标准

（1）公司总部以及省、市公司级单位应分层分级建立隐患排查标准，明确排查对象、排查方法和判定依据等内容，指导从业人员及时发现和准确判定安全隐患。

（2）隐患排查标准编制应对照安全生产法律法规和规章制度，结合公司反事故措施和安全事故（事件）暴露的典型问题，分专业编制重大、较大、一般、较小隐患排查标准，确保重点突出、描述准确、依法合规。

（3）隐患排查标准编制应坚持"谁主管、谁编制""分级编制、逐级审查"的原则，各级安委办负责制定隐患排查标准编制规范，各级专业部门负责本专业排查标准编制，并对下级单位编制的排查标准组织审查。

1）公司总部应编制重大和较大隐患排查标准，对一般隐患排查标准进行审查。

2）省公司级单位应参考公司重大和较大隐患排查标准，编制一般隐患排查标准，对较小隐患排查标准进行审查。

3）地市公司级单位应参照上级重大、较大、一般隐患排查标准，编制较小隐患排查标准。

（4）各专业隐患排查标准编制完成后，由本单位安委办负责汇总、组织审查，经本单位安委会批准后，以正式文件发布。

（5）各单位应将隐患排查标准培训纳入安全教育培训计划，开展全员培训，指导员工准确掌握隐患排查内容及排查方法，提高全员隐患排查发现能力。

（6）隐患排查标准实行动态管理，各级单位应定期对隐患排查标准的针对性、有效性进行评估，结合安全生产法律法规或规章制度"立改废释"，以及安全事故（事件）暴露的问题滚动修订，每年一季度前发布一次。

二、隐患排查

（1）各单位应在每年6月底前对照隐患排查标准，组织开展一次涵盖安全生产各领域、各专业、各环节的安全隐患全面排查。各级专业部门应加强本专业隐患排查工作指导。针对专业性较强、复杂程度较高的安全隐患，必要时组织专业技术人员或专家开展诊断分析。

（2）针对排查发现的安全隐患，隐患所在车间及班组应依据排查标准进行初步评估定级，利用公司安全隐患管理信息系统建立档案，形成本车间、班组安全隐患数据库，并汇总上报至相关专业部门开展评估认定。

（3）各级相关专业部门收到安全隐患报送信息后，应对照隐患排查标准，对安全隐患排查的全面性、定级的准确性进行专业审查，对存在的问题督促整改，形成本专业年度安全隐患数据库。

（4）各级安委办对各专业年度安全隐患数据库进行汇总、复核，报本单位安委会会议审议，对本级单位可以评估认定的安全隐患审核后反馈至隐患所在单位，对需要上级单位评估认定的安全隐患报上级安委办。

1）市公司级单位安委会审议基层单位和本级排查发现的安全隐患，对一般和较小隐患认定后反馈至隐患所在单位，对较大及以上隐患报上级安委办。

2）省公司级单位安委会审议地市公司级单位和本级排查发现的安全隐患，对较大隐患认定后反馈至隐患所在单位，对重大隐患报国家电网公司总部审核认定。

3）国家电网公司总部安委会审议省公司级单位和本级排查发现的安全隐患，对重大隐患认定后反馈至隐患所在单位。

4）各级单位应对照上级审核反馈和本级安全隐患，分层分级建立本单位年度安全隐患清单。

（5）针对国家、行业及地方政府部署开展的安全生产专项行动，各单位应在公司隐患排查标准的基础上，补充相关排查条款，开展针对性排查治理工作。

（6）针对公司系统事故（事件）暴露的典型问题，上级单位应及时发布警示信息，组织所属单位举一反三开展事故类比排查，滚动更新安全隐患清单。

第三节　隐患治理及重大隐患管理

一、隐患治理

（1）隐患一经确定，隐患所在单位应立即采取防止隐患发展的安全控制措施，并根据隐患具体情况和紧急程度制定治理计划，逐项明确治理单位、责任人及完成时限，做到责任、措施、资金、期限和应急预案"五落实"。

（2）各级专业部门负责组织制定本专业隐患治理方案或措施，较大及以上隐患由省公司级单位组织制定治理方案，一般隐患由市公司级单位组织制定治理方案或治理措施，较小隐患由县公司级单位制定治理措施。

（3）各级安委办负责本单位隐患治理工作综合协调，对需要多专业协同治理的安全隐患，必要时召开安委会会议明确治理责任、措施和资金。

（4）各级单位应建立隐患治理协调联动机制，对超出本单位治理能力的安全隐患，及时报送上级单位协调处理；对需要地方政府部门协调解决的安全隐患，及时报告政府有关部门协调治理。

（5）各级单位应将隐患治理作为项目储备的重要依据，统一纳入综合计划和预算优先安排。国家电网公司总部及省、地市公司级单位应建立隐患治理绿色通道，对计划和预算外但急需实施治理的隐患，及时调剂和保障所需资金和物资。

（6）重大隐患治理完成前或治理过程中无法保证安全的，应从危险区域内撤出相关人员，设置警戒标志，暂时停工停产或停止使用相关设备设施，治理完成并验收合格后方可恢复生产和使用。

（7）隐患所在单位应将隐患治理任务纳入年度安全生产工作重点，结合电网技改大修、检修运维、规章制度"立改废释"等及时开展治理，各专业部门应加强专业指导和督导检查，按期实现治理销号。

（8）各级安委会应开展隐患治理挂牌督办，按照隐患等级越高、督办力度越大的原则，国家电网公司总部挂牌督办重大隐患，省公司级单位挂牌督办较大隐患，市公司级单位挂牌督办治理难度大、治理周期长的一般隐患。

（9）隐患治理完成后，隐患整改单位在自验合格的基础上提出验收申请，相关专业部门应在申请提出后一周内完成验收，验收合格予以销号备案，不合格重新组织治理，结果向本级单位安委办备案。

1）较小隐患治理结果由县公司级单位组织验收。

2）一般隐患治理结果由地市公司级单位组织验收。

3）较大及以上隐患治理结果由省公司级单位组织验收，重大隐患治理应有书面验收报告。

4）涉及国家、行业监管部门、地方政府挂牌督办的重大隐患，在治理工作结束后，应及时将有关情况报告相关政府部门。

（10）各级安委办应会同专业部门每年开展一次隐患排查治理工作总结，针对共性问题和突出隐患深入分析隐患成因，健全完善"从根本上消除事故隐患"的制度措施和保障机制。

（11）各级单位应运用安全隐患管理信息系统，实现隐患排查治理工作全过程记录和"一患一档"管理。隐患档案应包括隐患简题、隐患内容、隐患编号、隐患所在单位、专业分类、归属部门、评估定级、治理期限、治理完成情况等信息。隐患排查治理过程中形成的会议纪要、正式文件、治理方案、应急预案、验收报告等应归入隐患档案。

（12）各级单位应将隐患排查治理情况如实记录，并通过信息公示栏等方式向从业人员通报。各级单位应在月度安全生产会议上通报本单位隐患排查治理情况，各班组应在安全日活动上通报本班组隐患排查治理情况。

（13）各级安委办应定期对本单位隐患排查治理情况开展统计分析，各省公司级单位每月 5 日前通过安全隐患管理信息系统向公司总部报送上月度隐患排查治理情况，次年 1 月 5 日前通过公文报送上年度隐患排查治理工作总结。

（14）各级安委办按规定向国家能源局及其派出机构、地方政府有关部门报告安全隐患统计信息和工作总结。各级单位应做好沟通协调，确保隐患排查治理报送数据的准确性和一致性。

二、重大隐患管理

（1）重大隐患实行即时报告制度，各单位自评估为重大隐患的，应于 5 个工作日内报总部相关专业部门认定，确认为重大隐患的及时向国网安委办报备，并向所在地区政府安全监管部门和电力安全监管机构报告。

（2）重大隐患报告内容应包括隐患的现状及其产生原因、隐患的危害程度和整改难易程度分析、隐患治理方案。

（3）重大隐患应制定治理方案，重大隐患治理方案应包括治理目标和任务、采取方法和措施、经费和物资落实、负责治理的机构和人员、治理时限和要求、防止隐患进一步发展的安全措施和应急预案等。

（4）重大隐患治理应执行"两单一表"（即签发督办单、制定管控表、上报反馈单）制度，实现闭环监管。

1）签发安全督办单。国网安委办获知或直接发现所属单位存在重大隐患的，由安委办主任或副主任签发安全督办单，对省公司级单位整改工作进行全程督导。

2）制定过程管控表。省公司级单位在接到督办单 10 日内，编制安全整改过程管控表，明确整改措施、责任单位（部门）和计划节点，由安委会主任签字、盖章后报国网安委办备案，国网安委办按照计划节点进行督导。

3）上报整改反馈单。省公司级单位完成整改后 5 日内，填写安全整改反馈单，并附佐证材料，由安委会主任签字、盖章后报报国网安委办备案。

（5）各级单位重大隐患排查治理情况应及时向政府负有安全生产监督管理职责的部门和本单位职代大会或职工代表大会报告。

第四节　隐患排查治理案例

【案例一】220kV××变电站主变压器无固定自动灭火系统及火灾自动报警系统，存在主变压器消防安全隐患

1. 隐患排查（发现）

某公司于××××年 1 月 05 日，发现 220kV××变电站主变压器无固定自

动灭火系统及火灾自动报警系统，存在主变压器消防安全隐患。220kV××变电站#1、#2主变压器分别于2002年、2005年投运，容量为150MVA。投运时该主变压器未安装自动灭火及报警系统，当该主变压器在运行中发生火警时，因无自动灭火及火灾自动报警系统，导致初期火警无法扑灭，使火情扩大，造成该主变压器本体烧毁、主绝缘击穿的输变电设备损坏事件。

不符合 DL 5027—2015《电力设备典型消防规程》中"10.3.1 固定自动灭火系统，应符合下列要求：1.变电站（换流站）单台容量为125MVA及以上的油浸式变压器应设置固定自动灭火系统及火灾自动报警系统；变压器排油注氮灭火装置和泡沫喷雾灭火装置的火灾报警系统宜单独设置。"的规定。按照《国家电网有限公司安全事故调查规程（国家电网安监〔2020〕820号）》中："4.3.6.2 输变电设备损坏，有下列情况之一者：（2）110kV（含66kV）以上主变压器，±400kV以下直流换电站的换流变压器、平波电抗器等本体故障损坏或绝缘击穿。"所对应条款，可能导致六级设备事件；按照《国家电网公司安全隐患排查治理管理办法》[国网（安监/3）481–2014]"第二章　定义与分级"规定：六级设备事件构成一般隐患。

2. 隐患评估

隐患所在单位预评估其为一般隐患，并在3天后报某公司运维检修部，某公司运维检修部在接报告后1周内完成专业评估及主管领导审定，最终评估并认定为一般隐患，并在确定后1周内反馈意见。

3. 隐患治理

隐患所在单位根据某公司反馈意见，计划在当年内完成治理，并同步制定防控措施：

（1）及时将该隐患上报相关技术设备管理部门，同时做好该隐患的防范措施，同时制订该主变压器异常运行及出现火警时的应急处置方案；

（2）告知相关人员在主变压器区域严禁烟火，同时对主变压器的灭火器、消火栓和黄沙箱等消防设施进行检查，确保消防设施可靠有效；

（3）加强对主变压器的红外测温及设备巡视，重点对该主变压器的异常发热情况、负荷情况、运行状况进行监控，发现异常应及时汇报；

（4）一旦出现主变压器异常发热、异常声响、冒烟等情况，运维人员及时上报相关管理部门，按照编制的应急处置方案进行停电处理；

（5）及时制订该隐患的整改计划，明确完成期限，同时联系相关管理人员，及时采购固定自动灭火系统及火灾自动报警系统并进行安装调试，完成整改消除隐患。

××××年9月6日，隐患所在单位对220kV××变电站主变压器增加安装固定自动灭火系统及火灾自动报警系统，经测试符合变压器消防安全规程要求，治理完成后满足变压器运行的消防（安全）规范要求。

4. 验收销号

在隐患所在单位完成治理后，××××年9月10日，经某公司运维检修部对220kV××变电站主变压器无固定自动灭火系统及火灾自动报警系统隐患（×号隐患）进行现场验收，治理方案各项措施已按要求实施，治理完成情况属实，满足安全（生产）运行要求，验收合格，治理措施已按要求实施，该隐患已消除。

【案例二】110kV××变电站10kV开关室除湿装置故障，存在10kV开关柜内设备短路放电的安全隐患

1. 隐患排查（发现）

××××年6月3日某公司变电运检中心某运检班在设备巡视检查时发现110kV××变电站10kV开关室防潮除湿装置无法开启的故障，在开关室内相对湿度达到80%及以上时，造成开关柜内绝缘件凝露、绝缘下降，存在10kV开关柜内设备短路放电的异常运行或被迫停止运行的安全隐患。不符合《防止电力生产事故的二十五项重点要求》（国家能源局〔2014〕161号）中"13.3.5应在开关柜配电室配置通风、除湿防潮设备，防止凝露导致绝缘事故。"的规定。若不及时治理，在相对湿度达到80%及以上时，造成开关柜内绝缘件凝露、绝缘下降，引发开关柜内设备相间、对地短路放电的安全隐患。依据《国家电网有限公司安全事故调查规程（国家电网安监〔2020〕820号）》中"4.2.8.1 10kV（含20kV、6kV）供电设备（包括母线、直配线等）异常运行或被迫停止运行，并造成减供负荷者。"相关条款，可能构成八级电网事件。

2. 隐患评估

隐患所在单位预评估其为安全事件隐患，并在2天内完成专业评估及主管领导审定，最终评估并认定为较小隐患。

3. 隐患治理

隐患所在单位计划在当月内完成治理，并同步制定防控措施：

（1）及时将 110kV××变电站 10kV 开关室防潮除湿装置无法开启的隐患告知相关管理人员，并采取相应的控制措施；

（2）在治理期间内的晴朗、多云等天气下，每周对 110kV××变电站 10kV 开关室湿度进行监控；

（3）在雨天相对湿度超过 80%时，应采取临时通风或增加临时加热等措施进行控制，防止 10kV 开关柜内设备绝缘件出现凝露现象；

（4）及时联系维保单位进行修理及更换。

××××年 6 月 9 日，隐患所在单位对 110kV××变电站 10kV 开关室故障除湿装置进行拆除，并安装新的除湿装置，经测试除湿装置工作正常，治理完成后满足开关室技术（安全）运行规范要求。

4. 验收销号

在隐患所在单位完成治理后，××××年 6 月 10 日，经某公司运维检修部对 110kV××变电站 10kV 开关室除湿装置故障隐患（×号隐患）进行现场验收，治理方案各项措施已按要求实施，治理完成情况属实，满足安全（生产）运行要求，验收合格，治理措施已按要求实施，该隐患已消除。

第五章

生产现场的安全设施

安全设施是指在生产现场经营活动中将危险因素、有害因素控制在安全范围内以及预防、减少、消除危害所设置的安全标志、设备标志、安全警示线、安全防护设施等的统称。变电站内生产活动所涉及的场所、设备（设施）、检修施工等特定区域以及其他有必要提醒人们注意危险有害因素的地点，应配置标准化的安全设施。

一般要求：

（1）安全设施应清晰醒目、安全可靠、便于维护，适应使用环境要求。

（2）安全设施的安装应符合安全要求。安全设施的规格、尺寸、安装位置可视现场情况自行确定，同一变电站、同类设备（设施）应规范统一。

（3）安全设施所用的颜色应符合 GB 2893—2008《安全色》的规定。

（4）变电设备（设施）本体或附近醒目位置应装设设备标志牌，涂刷相色标志或装设相位标志牌。

（5）变电站设备区与其他功能区、运行设备区与改（扩）建施工现场之间应装设区域隔离遮栏。不同电压等级设备区宜装设区域隔离遮栏。

（6）生产场所安装的固定遮栏应牢固，工作人员出入的门等活动部分应加锁。

（7）变电站入口应设置减速线，变电站内适当位置应设置限高、限速标志。设置标志应易于观察。

（8）变电站内地面应标注设备巡视路线和通道边缘警戒线。

（9）设置安全设施后，不应构成对人身伤害、设备安全的潜在风险或妨碍正常工作。

第一节 安 全 标 志

安全标志是指用以表达特定安全信息的标志，由图形符号、安全色、几何形状（边框）和文字构成。

一、一般规定

（1）变电站设置的安全标志包括禁止标志、警告标志、指令标志、提示标志四种基本类型和消防安全标志、道路交通标志等特定类型。

（2）安全标志一般使用相应的通用图形标志和文字辅助标志的组合标志。

（3）安全标志一般采用标志牌的形式，宜使用衬边，以使安全标志与周围环境之间形成较为强烈的对比。

（4）安全标志所用的颜色、图形符号、几何形状、文字，标志牌的材质、表面质量、衬边及型号选用、设置高度、使用要求应符合 GB 2894—2008《安全标志及其使用导则》的规定。

（5）安全标志牌应设在与安全有关场所的醒目位置。环境信息标志宜设在有关场所的入口处和醒目位置，局部环境信息应设在所涉及的相应危险地点或设备（部件）的醒目处。

（6）安全标志牌不宜设在可移动的物体上，以免标志牌随母体物体相应移动，影响认读。标志牌前不得放置妨碍认读的障碍物。

（7）多个标志在一起设置时，应按照警告、禁止、指令、提示类型的顺序，先左后右、先上后下地排列，且应避免出现相互矛盾、重复的现象。也可以根据实际，使用多重标志。

（8）安全标志牌应定期检查，如发现破损、变形、褪色等情况时，应及时修整或更换。修整或更换时，应有临时的标志替换，避免发生意外伤害。

（9）在变电站入口，应根据站内通道、设备、电压等级等具体情况，在醒目位置按配置规范设置相应的安全标志牌，如"当心触电""未经许可 不得入内""禁止吸烟""必须戴安全帽"等，并应设立限速的标识（装置）。

（10）在设备区入口，应根据通道、设备、电压等级等具体情况，在醒目位置按配置规范设置相应的安全标志牌，如"当心触电""未经许可 不得入内""禁止吸烟""必须戴安全帽"及安全距离等，并应设立限速、限高的标识（装置）。

（11）各设备间入口，应根据内部设备、电压等级等具体情况，在醒目位置按配置规范设置相应的安全标志牌，如主控制室、继电保护室、通信室、自动装置室应配置"未经许可　不得入内""禁止烟火"；继电保护室、自动装置室应配置"禁止使用无线通信"；高压配电装置室应配置"未经许可　不得入内""禁止烟火"；GIS 组合电器室、SF$_6$设备室、电缆夹层应配置"禁止烟火""注意通风""必须戴安全帽"等。

二、禁止标志及设置规范

禁止标志是指禁止或制止人们不安全行为的图形标志。常用禁止标志名称、图形标志示例及设置规范见表 5－1。

表 5－1　　　　常用禁止标志名称、图形标志示例及设置规范

序号	名称	图形标志示例	设置范围和地点
1	禁止烟火	禁止烟火	主控制室、继电保护室、蓄电池室、通信室、自动装置室、变压器室、配电装置室、电缆夹层、隧道入口，危险品存放点，施工作业场所等处
2	禁止用水灭火	禁止用水灭火	变压器室、配电装置室、继电保护室、通信室、自动装置室等处（有隔离油源设施的室内油浸设备除外）
3	禁止跨越	禁止跨越	不允许跨越的深坑（沟）等危险场所、安全遮栏等处
4	禁止攀登	禁止攀登	不允许攀爬的危险地点，如有坍塌危险的建筑物、构筑物等处

续表

序号	名称	图形标志示例	设置范围和地点
5	未经许可　不得入内		易造成事故或对人员有伤害的场所的入口处，如高压设备室入口、消防泵室、雨淋阀室等处
6	禁止堆放		消防器材存放处、消防通道、逃生通道及变电站主通道、安全通道等处
7	禁止使用无线通信		继电保护室、自动装置室等处
8	禁止合闸　有人工作		一经合闸即可送电到施工设备的断路器和隔离开关操作把手上等处
9	禁止合闸　线路有人工作		线路断路器和隔离开关把手上
10	禁止分闸		接地刀闸与检修设备之间的断路器操作把手上
11	禁止攀登　高压危险		高压配电装置构架的爬梯上，变压器、电抗器等设备的爬梯上

三、警告标志及设置规范

警告标志是指提醒人们对周围环境引起注意，以避免可能发生危险的图形标志。常用警告标志名称、图形标志示例及设置规范见表 5-2。

表 5-2　　　　　常用警告标志、图形标志示例及设置规范

序号	名称	图形标志示例	设置范围和地点
1	注意安全	 注意安全	易造成人员伤害的场所及设备等处
2	注意通风	 注意通风	SF_6 装置室、蓄电池室、电缆夹层、电缆隧道入口等处
3	当心火灾	 当心火灾	易发生火灾的危险场所，如电气检修试验、焊接及有易燃易爆物质的场所
4	当心爆炸	 当心爆炸	易发生爆炸危险的场所，如易燃易爆物质的使用或受压容器等地点
5	当心中毒	 当心中毒	装有 SF_6 断路器、GIS 组合电器的配电装置室入口，生产、储运、使用剧毒品及有毒物质的场所
6	当心触电	 当心触电	有可能发生触电危险的电气设备和线路，如配电装置室、开关等处

序号	名称	图形标志示例	设置范围和地点
7	当心电缆	**当心电缆**	暴露的电缆或地面下有电缆处施工的地点
8	止步　高压危险	**止步　高压危险**	带电设备固定遮栏上，室外带电设备构架上，高压试验地点安全围栏上，因高压危险禁止通行的过道上，工作地点临近室外带电设备的安全围栏上，工作地点临近带电设备的横梁上等处

四、指令标志及设置规范

指令标志是指强制人们必须做出某种动作或采用防范措施的图形标志。常用指令标志名称、图形标志示例及设置规范见表 5-3。

表 5-3　　　常用指令标志、图形标志示例及设置规范

序号	名称	图形标志示例	设置范围和地点
1	必须戴防毒面具	**必须戴防毒面具**	具有对人体有害的气体、气溶胶、烟尘等作业场所，如有毒物散发的地点或处理有毒物造成的事故现场等处
2	必须戴安全帽	**必须戴安全帽**	生产现场（办公室、主控制室、值班室和检修班组室除外）佩戴
3	必须戴防护手套	**必须戴防护手套**	易伤害手部的作业场所，如具有腐蚀、污染、灼烫、冰冻及触电危险的作业等处

续表

序号	名称	图形标志示例	设置范围和地点
4	必须穿防护鞋	必须穿防护鞋	易伤害脚部的作业场所,如具有腐蚀、灼烫、触电、砸（刺）伤等危险的作业地点

五、提示标志及设置规范

提示标志是指向人们提供某种信息（如标明安全设施或场所等）的图形标志。常用提示标志名称、图形标志示例及设置规范见表5-4。

表5-4 　　　　常用提示标志、图形标志示例及设置规范

序号	名称	图形标志示例	设置范围和地点
1	在此工作	在此工作	工作地点或检修设备上
2	从此上下	从此上下	工作人员可以上下的铁（构）架、爬梯上
3	从此进出	从此进出	工作地点遮栏的出入口处
4	安全距离	220kV 设备不停电时的安全距离	根据不同电压等级标示出人体与带电体最小安全距离,设置在设备区入口处

六、消防安全标志及设置规范

消防安全标志是指用以表达与消防有关的安全信息，由安全色、边框、以图像为主要特征的图形符号或文字构成的标志。常用消防安全标志名称、图形标志示例及设置规范见表5-5。

表 5-5　　　　　常用消防安全标志、图形标志示例及设置规范

序号	名称	图形标志示例	设置范围和地点
1	消防手动启动器		依据现场环境，设置在火灾报警按钮和消防设备启动按钮的位置
2	火警电话		依据现场环境，设置在适宜、醒目的位置
3	消火栓箱	消火栓 火警电话：119 厂内电话：*** A001	生产场所构筑物内的消火栓处
4	地上消火栓	地上消火栓 编号：***	固定在距离消火栓 1m 的范围内，不得影响消火栓的使用
5	地下消火栓	地下消火栓 编号：***	固定在距离消火栓 1m 的范围内，不得影响消火栓的使用
6	灭火器	灭火器 编号：***	悬挂在灭火器、灭火器箱的上方或存放灭火器、灭火器箱的通道上。泡沫灭火器器身上应标注"不适用于电火"字样
7	消防水带		指示消防水带、软管卷盘或消防栓箱的位置

续表

序号	名称	图形标志示例	设置范围和地点
8	灭火设备或报警装置的方向		指示灭火设备或报警装置的方向
9	疏散通道方向		指示到紧急出口的方向。用于电缆隧道指向最近出口处
10	紧急出口		便于安全疏散的紧急出口处，与方向箭头结合设在通向紧急出口的通道、楼梯口等处
11	消防水池	1号消防水池	装设在消防水池附近醒目位置，并应编号
12	消防沙池（箱）	1号消防沙池	装设在消防沙池（箱）附近醒目位置，并应编号
13	防火墙	1号防火墙	在变电站的电缆沟（槽）进入主控制室、继电保护室处和分接处、电缆沟每间隔约60m处应设防火墙，将盖板涂成红色，标明"防火墙"字样，并应编号

七、道路交通标志及设置规范

道路交通标志是用以管制及引导交通的一种安全管理设施，是用文字和符号传递引导、限制、警告或指示信息的道路设施。变电站应设置限制高度、速度等的禁令标志。

限制高度标志表示禁止装载高度超过标志所示数值的车辆通行。限制速度标志表示该标志至前方解除限制速度标志的路段内，机动车行驶速度（单位为km/h）不准超过标志所示数值。变电站道路交通标志、图形标志示例及设置规范见表5-6。

表 5-6 道路交通标志、图形标志示例及设置规范

序号	名称	图形标志示例	设置范围和地点
1	限制高度标志		变电站入口处、不同电压等级设备区入口处等最大容许高度受限制的地方
2	限制速度标志		变电站入口处、变电站主干道及转角处等需要限制车辆速度的路段起点

第二节 设 备 标 志

设备标志是指用以标明设备名称、编号等特定信息的标志,由文字和(或)图形构成。设备标志由设备名称和设备编号组成。设备标志应定义清晰,具有唯一性。功能、用途完全相同的设备,其设备名称应统一。

一般规定如下:

(1)设备标志牌应配置在设备本体或附件醒目位置。

(2)两台及以上集中排列安装的电气盘应在每台盘上分别配置各自的设备标志牌。两台及以上集中排列安装的前后开门的电气盘前后均应配置设备标志牌,且同一盘柜前后设备标志牌一致。

(3)GIS 设备的隔离开关和接地开关标志牌根据现场实际情况装设,母线的标志牌按照实际相序位置排列,安装于母线筒端部;隔室标志安装于靠近本隔室取气阀门旁醒目位置,各隔室之间通气隔板周围涂绿色,非通气隔板周围涂红色,宽度根据现场实际确定。

(4)电缆两端应悬挂标明电缆编号名称、起点、终点、型号的标志牌,电力电缆还应标注电压等级及长度。

(5)在各设备间及其他功能室入口处的醒目位置均应配置房间标志牌,标明其功能及编号,在室内醒目位置应设置逃生路线图及定置图(表)。

（6）电气设备标志文字内容应与调度机构下达的编号相符，其他电气设备的标志内容可参照调度编号及设计名称。一次设备为分相设备时应逐相标注，直流设备应逐极标注。

设备标志名称、图形标志示例及设置规范见表 5-7。

表 5-7 　　　　　　　　设备标志名称、图形标志示例及设置规范

序号	名称	图形标志示例	设置范围和地点
1	变压器（电抗器）标志牌	1号主变压器 1号主变压器 A相	1）安装固定于变压器（电抗器）器身中部，面向主巡视检查路线，并标明名称、编号。 2）单相变压器每相均应安装标志牌，并标明名称、编号及相别。 3）线路电抗器每相应安装标志牌，并标明线路电压等级、名称及相别
2	主变压器（线路）穿墙套管标志牌	1号主变压器 10kV穿墙套管 Ⓐ Ⓑ Ⓒ 1号主变压器 110kV穿墙套管 Ⓑ	1）安装于主变压器（线路）穿墙套管内、外墙处。 2）标明主变压器（线路）编号、电压等级、名称，分相布置的还应标明相别
3	滤波器组、电容器组标志牌	3601ACF 交流滤波器	1）在滤波器组（包括交直流滤波器、PLC 噪声滤波器、RI 噪声滤波器）、电容器组的围栏门上分别装设，安装于离地面 1.5m 处，面向主巡视检查路线。 2）标明设备名称、编号
4	阀厅内直流设备标志牌	020FQ 换流阀 A相 02DCCT 电流互感器	1）固定在阀厅顶部巡视走道遮栏上，正对设备，面向走道，安装于离地面 1.5m 处。 2）标明设备名称、编号
5	滤波器、电容器组围栏内设备标志牌	C1 电容器 R1 电阻器 L1 电抗器	1）安装固定于设备本体上醒目处，本体上无位置安装时考虑落地固定，面向围栏正门。 2）标明设备名称、编号

续表

序号	名称	图形标志示例	设置范围和地点
6	断路器标志牌	500kV ××线 5031 断路器 500kV ××线 5031 断路器 A相	1）安装固定于断路器操作机构箱上方醒目处。 2）分相布置的断路器标志牌安装在每相操作机构箱上方醒目处，并标明相别。 3）标明设备电压等级、名称、编号
7	隔离开关标志牌	500kV ××线 50314 隔离开关 500kV × × 线 50314	1）手动操作型隔离开关安装于隔离开关操作机构上方 100mm 处。 2）电动操作型隔离开关安装于操作机构箱门上醒目处。 3）标志牌应面向操作人员。 4）标明设备电压等级、名称、编号
8	电流互感器、电压互感器、避雷器、耦合电容器等标志牌	500kV ××线 电流互感器 A相 220kV Ⅱ段母线 1号避雷器 A相	1）安装在单支架上的设备，其标志牌还应标明相别，安装于离地面 1.5m 处，面向主巡视检查路线。 2）三相共支架设备安装于支架横梁醒目处，面向主巡视检查路线。 3）落地安装加独立遮栏的设备（如避雷器、电抗器、电容器、站用变压器、专用变压器等），其标志牌安装在设备围栏中部，面向主巡视检查路线。 4）标明设备电压等级、名称、编号及相别
9	换流站特殊辅助设备标志牌	LTT 换流阀 空气冷却器 1号屋顶式 组合空调机组	1）安装在设备本体上醒目处，面向主巡视检查路线。 2）标明设备名称、编号
10	控制箱、端子箱标志牌	500kV ××线 5031 断路器端子箱	1）安装在设备本体上醒目处，面向主巡视检查路线。 2）标明设备名称、编号

续表

序号	名称	图形标志示例	设置范围和地点
11	接地刀闸标志牌	**500kV ××线** **503147 接地刀闸** **A相** **500kV** **×** **×** **线** **503147**	1）安装于接地刀闸操作机构上方100mm处。 2）标志牌应面向操作人员。 3）标明设备电压等级、名称、编号、相别
12	控制、保护、直流、通信等盘柜标志牌	220kV××线光纤纵差保护屏	1）安装于盘柜前后顶部门楣处。 2）标明设备电压等级、名称、编号
13	室外线路出线间隔标志牌	**220kV ××线** Ⓐ Ⓑ Ⓒ	1）安装于线路出线间隔龙门架下方或相对应围墙墙壁上。 2）标明电压等级、名称、编号、相别
14	敞开式母线标志牌	**220kV Ⅰ段母线** Ⓐ Ⓑ Ⓒ **220kV Ⅰ段母线** Ⓐ	1）室外敞开式布置母线，母线标志牌安装于母线两端头正下方支架上，背向母线。 2）室内敞开式布置母线，母线标志牌安装于母线端部对应的墙壁上。 3）标明电压等级、名称、编号、相序
15	封闭式母线标志牌	**220kV Ⅰ段母线** Ⓐ Ⓑ Ⓒ **10kV Ⅱ段母线** Ⓐ Ⓑ Ⓒ	1）GIS设备封闭母线标志牌按照实际相序排列位置，安装于母线筒端部。 2）高压开关柜母线标志牌安装于开关柜端部对应母线位置的柜壁上。 3）标明电压等级、名称、编号、相序
16	室内出线穿墙套管标志牌	**10kV ××线** Ⓐ Ⓑ Ⓒ	1）安装于出线穿墙套管内、外墙处。 2）标明出线线路电压等级、名称、编号、相序
17	熔断器、交（直）流开关标志牌	回路名称： 型　号： 熔断电流：	1）悬挂在二次屏中的熔断器、交（直）流开关处。 2）标明回路名称、型号、额定电流
18	避雷针标志牌	**1号避雷针**	1）安装于避雷针距地面1.5m处。 2）标明设备名称、编号

续表

序号	名称	图形标志示例	设置范围和地点
19	明敷接地体	←100mm→	全部设备的接地装置（外露部分）应涂宽度相等的黄绿相间条纹。间距以100～150mm 为宜
20	地线接地端（临时接地线）	接地端	固定于设备压接型地线的接地端
21	低压电源箱标志牌	220kV 设备区　电源箱	1）安装于各类低压电源箱上的醒目位置。 2）标明设备名称及用途

第三节　安全警示线

　　安全警示线用于界定和分割危险区域，向人们传递某种注意或警告的信息，以避免人身伤害。安全警示线包括禁止阻塞线、减速提示线、安全警戒线、防止踏空线、防止碰头线、防止绊跤线和生产通道边缘警戒线等。安全警示线一般采用黄色或与对比色（黑色）同时使用。

　　安全警示线、图形标志示例及设置规范见表5-8。

表 5-8　　　　　　　安全警示线、图形标志示例及设置规范

序号	名称	图形标志示例	设置范围和地点
1	禁止阻塞线		1）标注在地下设施入口盖板上。 2）标注在主控制室、继电保护室门内外、消防器材存放处、防火重点部位进出通道。 3）标注在通道旁边的配电柜前（800mm）。 4）标注在其他禁止阻塞的物体前
2	减速提示线		标注在变电站站内道路的弯道、交叉路口和变电站进站入口等限速区域的入口处

续表

序号	名称	图形标志示例	设置范围和地点
3	安全警戒线		1）设置在控制屏（台）、保护屏、配电屏和高压开关柜等设备周围。 2）安全警戒线至屏面的距离宜为300～800mm，可根据实际情况进行调整
4	防止碰头线		标注在人行通道高度小于1.8m的障碍物上
5	防止绊跤线		1）标注在人行横道地面上高差300mm以上的管线或其他障碍物上。 2）采用45°间隔斜线（黄/黑）排列进行标注
6	防止踏空线		1）标注在上下楼梯第一级台阶上。 2）标注在人行通道高差300mm以上的边缘处
7	生产通道边缘警戒线		1）标注在生产通道两侧。 2）为保证夜间可见性，宜采用道路反光漆或强力荧光油漆进行涂刷
8	设备区巡视路线		标注在变电站室内外设备区道路或电缆沟盖板上

第四节　安全防护设施

安全防护设施是指为防止外因引发的人身伤害、设备损坏而配置的防护装置和用具。安全防护设施包括安全帽、安全工器具柜、安全工器具试验合格证标志牌、固定防护遮栏、区域隔离遮栏、临时遮栏（围栏）、红布幔、孔洞盖板、爬梯遮栏门、防小动物挡板、防误闭锁解锁钥匙箱等设施和用具。工作人员进入生产现场，应根据作业环境中所存在的危险因素，穿戴或使用必要的防护用品。

安全防护设施、图形标志示例及配置规范见表 5-9。

表 5-9　　　　　安全防护设施、图形标志示例及配置规范

序号	名称	图形标志示例	设置范围和地点
1	安全帽	 **安全帽背面**	1）安全帽用于作业人员头部防护，任何人进入生产现场（办公室、主控制室、值班室和检修班组室除外），应正确佩戴安全帽。 2）安全帽应符合 GB 2811—2007《安全帽》的规定。 3）安全帽前面有国家电网公司标志，后面为单位名称及编号，并按编号定置存放。 4）安全帽实行分色管理，红色安全帽为管理人员使用，黄色安全帽为运维人员使用，蓝色安全帽为检修（施工、试验等）人员使用，白色安全帽为外来参观人员使用
2	安全工器具柜（室）		1）变电站应配备足量的专用安全工器具柜。 2）安全工器具柜应满足国家、行业标准及产品说明书关于保管和存放的要求。 3）安全工器具室（柜）宜具有温度、湿度监控功能，满足温度为 -15～35℃、相对湿度为 80%以下、保持干燥通风的基本要求

续表

序号	名称	图形标志示例	设置范围和地点
3	安全工器具试验合格证标志牌	**安全工器具试验合格证** 名称＿＿＿＿编号＿＿＿ 试验日期＿＿＿年＿＿月＿＿日 下次试验日期＿＿＿年＿＿月＿＿日	1）安全工器具试验合格证标志牌贴在经试验合格的安全工器具醒目处。 2）安全工器具试验合格证标志牌可采用粘贴力强的不干胶制作，规格为60mm×40mm
4	接地线标志牌及接地线存放地点标志牌	**01 号接地线** 编号：01 电压：220kV ×× 变电站 （D_1，D 标注）	1）接地线标志牌固定在接地线接地端线夹上。 2）接地线标志牌应采用不锈钢板或其他金属材料制成，厚度1.0mm。 3）接地线标志牌尺寸为 $D=30\sim50$mm，$D_1=2.0\sim3.0$mm。 4）接地线存放地点标志牌应固定在接地线存放醒目位置
5	固定防护遮栏		1）固定防护遮栏适用于落地安装的高压设备周围及生产现场平台、人行通道、升降口、大小坑洞、楼梯等有坠落危险的场所。 2）用于设备周围的遮栏高度不低于1700mm，设置供工作人员出入的门并上锁；防坠落遮栏高度不低于1050mm，并装设不低于100mm的护板。 3）固定遮栏上应悬挂安全标志，位置根据实际情况确定。 4）固定遮栏及防护栏杆、斜梯应符合规定，其强度和间隙满足防护要求。 5）检修期间需将栏杆拆除时，应装设临时遮栏，并在检修工作结束后将栏杆立即恢复
6	区域隔离遮栏		1）区域隔离遮栏适用于设备区与生活区的隔离、设备区间的隔离、改（扩）建施工现场与设备运行区域的隔离，也可装设在人员活动密集场所周围。 2）区域隔离遮栏应采用不锈钢或塑钢等材料制作，高度不低于1050mm，其强度和间隙满足防护要求

续表

序号	名称	图形标志示例	设置范围和地点
7	临时遮栏（围栏）		1）临时遮栏（围栏）适用于下列场所： a）有可能高处落物的场所。 b）作业现场与运行设备的隔离。 c）作业现场规范工作人员活动范围。 d）作业现场安全通道。 e）作业现场临时起吊场地。 f）防止其他人员靠近的高压试验场所。 g）安全通道或沿平台等边缘部位，因检修拆除常设栏杆的场所。 h）事故现场保护。 i）需临时打开的平台、地沟、孔洞盖板周围等。 2）临时遮栏（围栏）应采用满足安全、防护要求的材料制作，有绝缘要求的临时遮栏应采用干燥木材、橡胶或其他坚韧绝缘材料制成。 3）临时遮栏（围栏）高度为 1050～1200mm，防坠落遮栏应在下部装设不低于180mm 高的挡脚板。 4）临时遮栏（围栏）强度和间隙应满足防护要求，装设应牢固可靠。 5）临时遮栏（围栏）应悬挂安全标志，位置根据实际情况而定
8	红布幔		1）红布幔适用于变电站二次系统上进行工作时，将检修设备与运行设备前后以明显的标志隔开。 2）红布幔尺寸一般为 2400mm×800mm、1200mm×800mm、650mm×120mm，也可根据现场实际情况制作。 3）红布幔上印有运行设备字样、白色黑体字，布幔上下或左右两端设有绝缘隔离的磁铁或挂钩
9	孔洞盖板	 覆盖式 镶嵌式	1）适用于生产现场需打开的孔洞。 2）孔洞盖板均应为防滑板，且应覆以与地面齐平的坚固的有限位的盖板。盖板边缘应大于孔洞边缘 100mm，限位块与孔洞边缘距离不得大于 25～30mm，网络板孔眼不应大于 50mm×50mm。 3）在检修工作中如需将盖板取下，应设临时围栏。临时打开的孔洞，施工结束后应立即恢复原状。夜间不能恢复的，应加装警示红灯。 4）孔洞盖板可制成与现场孔洞互相配合的矩形、正方形、圆形等形状，选用镶嵌式、覆盖式，并在其表面涂刷45°黄黑相间的等宽条纹，宽度宜为 50～100mm。 5）盖板拉手可做成活动式，便于钩起

续表

序号	名称	图形标志示例	设置范围和地点
10	爬梯遮栏门		1）应在禁止攀登的设备、构架爬梯上安装爬梯遮栏门，并予编号。 2）爬梯遮栏门为整体不锈钢或铝合金板门，其高度应大于工作人员的跨步长度，宜设置为800mm左右，宽度应与爬梯保持一致。 3）在爬梯遮栏门正门应装设"禁止攀登高压危险"的标志牌
11	防小动物挡板		1）在各配电装置室、电缆室、通信室、蓄电池室、主控制室和继电保护室等出入口处，应装设防小动物挡板，以防止小动物短路故障引发的电气事故。 2）防小动物挡板宜采用不锈钢、铝合金等不易生锈、变形的材料制作，高度应不低于400mm，其上部应设有45°黑黄相间色斜条防止绊跤线标志，标志线宽宜为50～100mm
12	防误闭锁解锁钥匙箱		1）防误闭锁解锁钥匙箱是将解锁钥匙存放其中并加封，根据规定执行手续后使用。 2）防误闭锁解锁钥匙箱应具有信息化授权方式，应具备自动记录、钥匙定置管理、强制管控（通过授权开启）等功能。 3）防误闭锁解锁钥匙箱应配置在变电站内

续表

序号	名称	图形标志示例	设置范围和地点
13	防毒面具和正压式消防空气呼吸器	 过滤式防毒面具 正压式消防空气呼吸器	1）变电站应按规定配备防毒面具和正压式消防空气呼吸器。 2）过滤式防毒面具是在有氧环境中使用的呼吸器。 3）过滤式防毒面具应符合 GB 2890—2009《呼吸防护自吸过滤式防毒面具》的规定。使用时，空气中氧气浓度不低于18%，温度为－30～45℃，且不能用于槽、罐等密闭容器环境。 4）过滤式防毒面具的过滤剂有一定的使用时间，一般为 30～100min。过滤剂失去过滤作用（面具内有特殊气味）时，应及时更换。 5）过滤式防毒面具应存放在干燥、通风，无酸、碱、溶剂等物质的库房内，严禁重压。防毒面具的滤毒罐（盒）的储存期为 5 年（3 年），过期产品应经检验合格后方可使用。 6）正压式消防空气呼吸器是用于无氧环境中的呼吸器。 7）正压式消防空气呼吸器应符合 GA 124—2004《正压式消防空气呼吸器》的规定。 8）正压式消防空气呼吸器在储存时应装入包装箱内，避免长时间曝晒，不能与油、酸、碱或其他有害物质共同贮存，严禁重压

第六章

典型违章举例与事故案例分析

第一节 典型违章举例

一、国家电网公司安全生产典型严重违章

严重违章分为三类，按照严重程度由高至低分别为：

（1）Ⅰ类严重违章，主要包括违反"十不干"要求的违章；

（2）Ⅱ类严重违章，主要包括公司系统近年造成了安全事故（事件）的违章；

（3）Ⅲ类严重违章，主要包括安全风险高，易造成安全事故（事件）的违章。

1. Ⅰ类严重违章

（1）无日计划作业，或实际作业内容与日计划不符。

（2）无票（包括作业票、工作票及分票、操作票、动火票等）工作、无令操作。

（3）作业人员不清楚工作任务及危险点。

（4）危险点控制措施未落实。

（5）超出作业范围未经审批。

（6）作业点未在接地保护范围。

（7）现场安全措施布置不到位、安全工器具不合格。

（8）高处作业、攀登或转移作业位置时的防坠落措施不完善。

（9）有限空间作业未有效开展培训，未制定有效的应急预案，未正确设置监护人，未配置或不正确使用安全防护装备、应急救援装备，未执行"先通风、再检测、后作业"要求。

（10）工作负责人（作业负责人、专责监护人）不在现场，或劳务分包人

员担任工作负责人（作业负责人）。

2. Ⅱ类严重违章

（1）超允许起重量起吊。

（2）漏挂接地线或漏合接地刀闸。

（3）在电容性设备检修前未放电并接地，或结束后未充分放电；高压试验变更接线或试验结束时未将升压设备的高压部分放电、短路接地。

（4）擅自开启高压开关柜门、检修小窗，擅自移动绝缘挡板。

（5）在带电区域使用钢卷尺、金属梯等《国家电网公司电力安全工作规程变电部分》禁止使用的工器具。

（6）随意解除闭锁装置，或擅自使用解锁工具（钥匙）。

（7）倒闸操作前不核对设备名称、编号、位置，不执行监护复诵制度或操作时漏项、跳项。

（8）倒闸操作中不按规定检查设备实际位置，不确认设备操作到位情况。

（9）在继保屏上作业时，运行设备与检修设备无明显标志隔开，或在保护盘上或附近进行振动较大的工作时，未采取防跳闸的安全措施。

（10）在带电设备附近作业前未计算校核安全距离；作业安全距离不够且未采取有效措施。

（11）电力监控系统中横向和纵向网络边界防护设备缺失。

3. Ⅲ类严重违章

（1）票面（包括作业票、工作票及分票、操作票、动火票等）缺少工作负责人等关键内容，风险识别不准确，关键措施不完善。

（2）不按施工方案或规定程序开展作业，作业人员擅自改变已设置的安全措施。

（3）作业人员擅自穿越、跨越安全围栏及安全警戒线。

（4）起吊或牵引过程中，受力钢丝绳周围、上下方、内角侧和起吊物下面有人逗留和通过。

（5）在易燃易爆或禁火区域携带火种、使用明火、吸烟；未采取防火等安全措施在易燃物品及重要设备上方进行焊接，下方无监护人。

（6）动火作业前，未将盛有或盛过易燃易爆等化学危险物品的容器、设备、管道等生产、储存装置与生产系统隔离，未清洗置换，未检测可燃气体（蒸气）含量，或可燃气体（蒸气）含量不合格即动火作业。

（7）动火作业前，未清除动火现场及周围的易燃物品，或未采取其他有效的安全防火措施，未配备足够适用的消防器材。

（8）带负荷断、接引线。

（9）电力线路设备拆除后，带电部分未处理。

（10）在互感器二次回路上工作，未采取防止电流互感器二次回路开路、电压互感器二次回路短路的措施。

（11）擅自倾倒、堆放、丢弃或遗撒危险化学品。

（12）现场作业人员未经安全准入考试并合格；新进、转岗和离岗 3 个月以上电气作业人员，未经专门安全教育培训，且未经考试合格即上岗。

（13）不具备"三种人"资格的人员担任工作票签发人、工作负责人或许可人。

（14）特种设备作业人员、特种作业人员、危险化学品从业人员未依法取得资格证书。

（15）对承包方违规进行工程发包。

（16）向个人租赁起重机械。

（17）特种设备未依法取得使用登记证书、未经定期检验或检验不合格。

（18）工作负责人、工作许可人不按规定办理工作许可和终结手续。

（19）生产和施工场所消防器材的配备、使用、维护，消防通道的配置等不符合规定。

（20）违规使用没有"一书一签"（化学品安全技术说明书、化学品安全标签）的危险化学品。

（21）作业现场违规存放民用爆炸物品。

（22）有必要现场勘察的未开展现场勘察，或勘察不认真、无勘察记录；工作票（作业票）签发人和工作负责人均未参加现场勘察。

（23）脚手架、跨越架未经验收合格即投入使用。

（24）对超过一定规模的危险性较大的分部分项工程（含大修、技改等项目），未组织编制专项施工方案（含安全技术措施），未按规定论证、审核、审批、交底及现场监督实施。

（25）三级及以上风险作业管理人员（含监理人员）未到岗到位进行管控。

（26）施工机械设备转动部分无防护罩或牢固的遮栏。

（27）自制施工工器具，未经检测试验合格。

（28）金属封闭式开关设备未按照国家、行业标准设计制造压力释放通道。

（29）设备无双重名称，或名称及编号不唯一、不正确、不清晰。

（30）防误闭锁装置不全或"五防"功能不完善，且未采取临时控制措施。

（31）高压配电装置带电部分对地距离不满足且未采取措施。

（32）未经批准，擅自将自动灭火装置、火灾自动报警装置退出运行。

（33）电力监控系统作业过程中，未经授权接入非专用调试设备，或调试计算机接入外网。

二、某省公司安全生产典型违章

某省公司自 2018 年，在严重违章、一般违章基础上，将符合公司《作业安全十条禁令》的违章行为定义为恶性违章。

（一）恶性违章

（1）停电作业不按规定验电、接地。

（2）高处作业不正确使用安全带、不戴安全帽。

（3）未经工作许可即开展工作。

（4）作业不按规定进行现场勘察。

（5）作业不按规定使用工作票和操作票。

（6）作业现场安全措施未做完整就进行工作。

（7）作业监护人员（工作负责人、专责监护人、同进同出人员）擅自离开现场。

（8）现场特种作业人员无证上岗。

（9）不按施工方案进行施工。

（10）使用不合格的验电笔、接地线、绝缘棒、安全带，高空落物高风险场所不戴安全帽。

（二）管理性违章

1. 严重违章

（1）安全第一责任人不按规定主管安全监督机构。

（2）安全第一责任人不按规定主持召开安全分析会。

（3）未明确和落实各级人员安全生产岗位职责。

（4）未按规定设置安全监督机构和配置安全员。

（5）未按规定落实安全生产措施、计划、资金。

（6）对违章不制止、不考核。

（7）违章指挥或干预值班调度、运行人员操作。

（8）对事故未按照"四不放过"原则进行调查处理。

（9）对承包方未进行资质审查或违规进行工程发包。

（10）承发包工程未依法签订合同及安全协议，未明确双方应承担的安全责任。

（11）无人值守变电站未安装火灾自动报警或自动灭火设施，火灾报警信号未接入有人监视遥测系统。

（12）管理人员对仓库易燃、易爆物品等危险品放置规定不清楚。

（13）高风险、复杂的作业项目，无安全技术施工方案。

2. 一般违章

（1）设备应检修而未按期检修、缺陷消除超过规定时限、设备缺陷管理流程未闭环。

（2）未按规定配置现场安全防护装置、安全工器具和个人防护用品。

（3）设备变更后相应的规程、制度、资料未及时更新。

（4）现场规程没有每年进行一次复查、修订，并书面通知有关人员。

（5）新入厂的生产人员，未组织三级安全教育或员工未按规定组织《安规》考试。

（6）没有每年公布工作票签发人、工作负责人、工作许可人、有权单独巡视高压设备人员名单。

（7）对排查出的事故隐患，未制定整改计划或未落实整改治理措施。

（8）设计、采购、施工、验收未执行有关规定，造成设备装置性缺陷。

（9）不落实电网运行方式安排和调度计划。

（10）现场无运行规程和典型操作票。

（11）未按规定落实对违章人员的处罚。

（12）未按规定建立月、周、日安全生产例会制度，未及时召开月、周、日安全生产例会。

（13）"两措"计划未按要求及时完成。

（14）"两票"审核、评价、考核不严。

（15）未按规定严格审核现场运行主接线图，不与现场设备一次接线认真核实。

（三）行为性违章

1．通用部分

（1）严重违章。

1）无计划作业或者随意调整作业计划、作业内容。

2）酒后开车、酒后从事电气检修施工作业或其他特种作业。

3）发生违章被指出后仍不改正。

4）巡视或检修作业，工作人员或机具与带电体不能保持规定的安全距离。

5）在带电设备附近使用金属梯子进行作业，在户外变电站和高压室内不按规定使用和搬运梯子、管子等长物。

6）有限空间作业未做到"先通风、再检测、后作业"，作业人员个人防中毒窒息等防护装备配备不齐，或无防护监护措施作业。

7）未将验电器的伸缩式绝缘棒长度拉足或验电时未逐相进行验电。

（2）一般违章。

1）高处作业人员随手上下抛掷器具、材料。

2）工具或材料浮搁在高处。

3）地线及零线保护采用缠绕或钩挂方式。

4）不按规定使用电动工具及施工机具。

5）漏挂（拆）、错挂（拆）警告标示牌。

6）作业结束未做到工完料尽场地清以及作业结束未及时封堵孔洞、盖好沟道盖板。

7）装设（拆除）接地线不规范的：

a）装设接地线的导电部分或接地部分未清除油漆；

b）用缠绕的方法装设接地线或用不符合规定的导线进行接地短路；

c）接地线的接地棒插入地下深度不满足《安规》要求；

d）装、拆接地线时没有监护人（经批准可以单人装设接地线的项目除外）；

e）接地线装设不牢靠；

f）使用的接地线型号不符合要求。

8）装（拆）接地线时，人体碰触接地线或未接地的导线。

9）接地线与检修部分之间连有保险器或未做好防止分闸安全措施的断路器。

2. 工作票执行

（1）严重违章。

1）工作许可人未按工作票所列安全措施及现场条件，布置完善工作现场安全措施。

2）约时停、送电。

3）工作负责人变动未履行变更手续，未告知全体工作班成员及工作许可人。

4）作业人员擅自扩大工作范围、工作内容或擅自改变已设置的安全措施。

5）工作负责人、工作许可人不按规定办理工作许可和终结手续或工作延期未办理工作票（施工作业票）延期手续。

（2）一般违章。

1）工作前未进行"三交三查"。

2）应现场许可（终结）的工作，工作许可人未到现场许可（终结）。

3）工作票填写不规范，出现以下情况：

a）计划工作时间与所批准的停役时间不符；

b）工作票所填安全措施不全、不准确，与现场实际不符，或与现场踏勘记录不符；

c）工作票上工作班成员或人数与实际不符；

d）工作票上的工作任务不清或与实际工作不一致，票面涂改严重，漏填或错填内容；

e）工作票、操作票、作业卡不按规定签名；

4）专责监护人不认真履行监护职责，从事与监护无关的工作。

5）每日收工和次日开工前，未履行工作间断手续。

3. 倒闸操作

严重违章如下：

1）接发令工作、倒闸操作中未进行复诵。

2）按规定需监护操作的失去监护进行倒闸操作。

3）操作中产生疑问，擅自继续操作或随意解除闭锁装置。

4）非运维人员擅自操作运行设备（规定允许的除外）。

5）倒闸操作中不按规定检查设备实际位置，不确认设备操作到位情况。

6）作业时未按倒闸操作流程执行，操作时发生漏项、跳项，未在操作票上逐项打勾。

7）调度命令拖延执行或执行不力。

8）操作票票面涂改严重，编号不连续。

9）在接受调度员发布电话操作命令时，未做好电话录音和记录。

10）倒闸操作未按规定戴绝缘手套、穿绝缘靴。

4. 变电运维

（1）严重违章。

1）运维值班人员擅自脱岗。

2）值班运行监控不认真，造成设备异常运行。

3）单人留在高压室或室外高压设备区作业。

（2）一般违章。

1）进出高压配电室未随手关门。

2）不按规定保管和使用高压室的钥匙。

3）不按规定执行交接班制度、设备巡回检查制度、设备定期切换制度。

4）无资质人员单独巡视高压设备，或单独在高压设备区逗留。

5. 消防及动火作业

严重违章如下：

1）在蓄电池室、继保室、开关室、易燃易爆物品存放处等禁烟场所，未悬挂"严禁烟火"警告牌或出现吸游烟及其他火种的。

2）动火作业现场未配备足够适用的消防器材。

3）易燃易爆物品、化学危险品或各种气瓶不按规定运输、存放和使用。

6. 劳动防护用品及安全工器具

（1）严重违章。

1）雷雨天气巡视或操作室外高压设备不穿绝缘靴。

2）不按规定佩戴防尘、防毒用具。

3）水上作业不穿戴救生措施。

（2）一般违章。

1）使用砂轮、车床不戴护目眼镜，使用钻床等旋转机具时戴手套等。

2）进行焊接或切割作业时，操作人员未穿戴专用工作服、绝缘鞋、防护手套等劳动防护用品，或衣着敞领卷袖。

3）进入作业现场，未按规定正确着装。

（四）装置性违章

1. 严重违章

（1）使用的安全防护用品、用具无生产厂家、许可证编号、生产日期及国家鉴定合格证书。

（2）高压配电装置带电部分对地距离不能满足规程规定且未采取措施。

（3）运行设备无双重名称或命名错误。

（4）待用间隔未纳入调度管辖范围。

（5）变电站无安全防护措施，列入红线管理的设备未张贴警示牌。

（6）易燃易爆区、重点防火区的防火设施不全或不符合规定要求，无警示标志。

（7）防误闭锁装置不全或不具备"五防"功能。

（8）金属封闭式开关设备未按照国家、行业标准设计制造压力释放通道。

（9）设备一次安装接线与技术协议和设计图纸不一致。

（10）能产生有毒有害气体（含六氟化硫等）的配电室、开关室等户内场所无通风装置或检漏装置。

（11）运行站（所）的消防水池、污水井、事故油池、电缆沟等无盖板且无安全防护措施。

（12）现场使用的各种与人体直接接触的低压电器无漏电保安器或保安器失效。

（13）隧道及竖井中的电缆未采取防火隔离、分段阻燃措施。

（14）电力设备拆除后，仍留有带电部分未处理。

2. 一般违章

（1）安全帽帽壳破损、缺少帽衬（帽箍、顶衬、后箍），缺少下颏带等。

（2）电缆孔、洞、电缆入口处未用防火堵料封堵。

（3）电气设备外壳、避雷器无接地或接地不规范。

（4）安全带（绳）断股、霉变、损伤或铁环有裂纹、挂钩变形、缝线脱开等。

（5）变电站接地线无命名或编号，接地桩无挂锁。

（6）进线穿墙套管户外侧无设备命名及三相色标。

（7）临时电源、电源线盘无漏电保护装置。

（8）高处走道、楼梯无栏杆。

（9）安全工器具储存场所不满足要求。

（10）生产、办公场所无疏散路径图、指示标志。

（11）防小动物措施不满足规定要求。

（12）安全工器具未按规定进行定期检测。

（13）变电站施工现场与运行设备未采取隔离措施。

（14）梯子没有加装防滑装置、人字梯无限制开度装置。

（15）主变压器、门型架、屋顶等爬梯未封门加锁，未悬挂"禁止攀登"或"禁止攀登，高压危险！"标识牌。

（16）配电设备开关室内的分、合闸按钮未设置防误碰措施。

（17）电气设备无安全警示标志或未根据有关规程设置固定遮（围）栏。

（18）安全防护设施维护保养不到位，长期带病运行。

（19）两相三孔插座代替三相插座。

第二节　事故案例分析

【案例一】220kV××变电站带电挂接地线被电弧严重烧伤

1. 事故经过

4月18日，220kV××变电站35kV隔离开关专项大修工作，#14主变压器及#5接地变压器35kV停役。操作任务为：① #14主变压器从220kV热备用改为冷备用；② #14主变压器35kV从热备用改为断路器检修；③ #5接地变压器35kV从热备用改为断路器检修，总共39步操作。担任该项操作的监护人是吴×，操作人是朱××，于5时整当值调控人员许可开始操作。在操作到第20步"在#14主变压器35kV断路器变压器侧验电、挂接地线"时，由于微机"五防"电脑钥匙的电池不足，无法打开#14主变压器35kV断路器变压器侧接地点处的机械编码锁，朱××就去控制室取解锁钥匙，走到楼梯口时遇见集控站站长王××，朱××问："王××，电脑钥匙没有电了，你有解锁钥匙吗？"于是，王××到备品间内取出一把备用的机械编码锁解锁钥匙交与朱××，并关照了一声"小心点！"随后离开。朱××与吴×一起用解锁钥匙进行解锁操作。在操作完#14主变压器35kV断路器变压器侧验电、挂接地线后，两人取了另一副接地线一同走到#5 接地变压器 35kV 副母隔离开关处，同时将操作梯子也移到该处，朱××发现#5 接地变压器 35kV 副母隔离开关的电磁闭锁无法提示断路器位置情况（该电磁闭锁为老式产品），就提出自己先去检查一下#5 接地变压器 35kV 断路器的实际位置（第 26 步操作步骤），以确定断路器在拉开位置后再执行第 27 步操作步骤，即"拉开#5 接地变压器 35kV 副母隔离开关"。吴×同意朱××单独去检查，自己留在#5 接地变压器 35kV 副母隔离开关处。当朱××进入#5 接地变压器 35kV 开关室后，隔墙等候的吴×大声问他："断路器拉开了没有？"朱××在检查断路器确已拉开后大声回答："拉开了。"正当朱××返回途中，听见操作走廊内一声巨响，朱××立即奔进 35kV 高压室，看到站内另一班操作人员正在给吴×身上灭火，众人立即将吴×急送至医院抢救。经初步诊断，吴×全身烧伤面积为 75.5%，其中Ⅲ度烧伤达 56.5%。

2. 违章分析

当值操作人员违反《国家电网公司电力安全工作规程 变电部分》和《国家电网公司防误操作安全管理规定》关于倒闸操作和防误解锁的安全管理规定。

（1）未认真执行监护复诵制度。操作人朱××单人进行设备状态检查，监护人吴×单人进行操作，导致倒闸操作失去监护。

（2）跳步、漏项操作。监护人吴×未按操作票填写的顺序逐项操作，在未拉开#5 接地变压器 35kV 副母隔离开关的情况下，跳步操作，直接进行#5 接地变压器 35kV 断路器母线侧挂接地线的操作。

（3）操作人员在#5 接地变压器 35kV 断路器母线侧挂接地线前，未检查#5 接地变压器 35kV 副母隔离开关位置，未进行验电，违反停电、验电、接地的操作顺序。

（4）随意解除防误闭锁装置。当值操作人员、集控站站长，在微机"五防"电脑钥匙电池不足的情况下，擅自解锁。

3. 防止对策

（1）倒闸操作前认真核对系统方式、设备名称、编号和位置，操作中认真执行监护复诵制度，按操作票填写的顺序逐项操作，严禁跳步、漏项操作，严禁双人操作过程中失去监护操作。

（2）严格执行防误闭锁装置解锁管理规定，在倒闸操作中若防误闭锁装置出现异常，则必须停止操作。应重新核对操作步骤及设备编号的正确性，查明原因，确系装置故障且无法处理时，按规定履行审批手续后方可解锁操作。

（3）严格防误闭锁装置的运维管理。加强装置维护，确保装置完好；加强防误解锁工具（钥匙）的管理，防误解锁工具（钥匙）应封存管理，严格履行操作中装置故障解锁、操作中非装置故障解锁、配合检修解锁、运行维护解锁、紧急（事故）解锁五类情况下的防误解锁管理要求。

【案例二】××供电公司 35kV××站操作过程中发生触电死亡事故

1. 事故经过

9 月 24 日，按照计划安排，××供电公司 35kV××站进行#2 主变压器小修预试、有载开关修试、××3511 断路器小修预试、母线隔离开关、线路隔离开关、电流互感器修试等工作。当日凌晨 5 时 10 分左右，××中心站彭××到××站进行#2 主变压器停役操作。带班人兼监护人为彭××，操作人为朱×。6 时 57 分，当××站#2 主变压器改到冷备用后，在等待×城站将××3511 从运行改为冷备用时，彭××、朱×2 人在控制室等待调控中心继续操作的指令。当值班调控人员通过对讲机呼叫彭××并告知×城站已将××3511 改为冷备用时，朱×擅自一人离开控制室并走到#2 主变压器室内将#2 主变压器两侧接地线挂上，且打开××3511 进线电缆仓网门，将 11 档竹梯放入到网门内。待彭××接完将#2 主变压器及××3511 由冷备用改检修状态命令后，寻找到朱×时，发现#2 主变压器两侧接地线已接好。彭××为弥补#2 主变压器的现场操作录音的空白，即在××3511 进线电缆仓处一边与朱×一起唱复票以补#2 主变压器两侧挂接地线这段操作的录音，一边在做××3511 进线电缆头处验电的操作。当朱×在验明××3511 进线电缆头上无电后，未用放电棒对电缆头进行放电，即进入电缆仓爬上梯子准备在电缆头上挂接地线，彭××未及时制止纠正其未经放电就爬上梯子人体靠近电缆头这一违章行为。这时朱×右手掌触碰到××3511 线路电缆头导体处（时间约 6 时 57 分），左后大腿碰到铁网门上，发生电缆剩余电荷触电，朱×随即从梯上滑下，彭××急上前将其挟出仓外，并对朱×进行人工心肺复苏急救，抢救无效后死亡。

2. 违章分析

当值操作人员违反《国家电网公司电力安全工作规程　变电部分》和《国家电网公司防误操作安全管理规定》关于倒闸操作的安全管理规定。

（1）擅自单人到#2 主变压器室挂接地线。

（2）操作人朱×在未对电缆进行逐相充分放电的情况下，进行挂接地线操作并身体接触带电体。

（3）监护人彭××未严格履行监护人职责，当发现操作人朱×违章后，未及时予制止，还与朱×后补现场操作录音，有意隐瞒违章行为。

3. 防止对策

（1）倒闸操作应认真执行监护复诵制度，监护人严格履行监护职责，严禁双人操作过程中失去监护操作，对操作人的违章行为应及时予以制止。

（2）电缆、电容器接地操作应严格按照停电、验电、放电、挂接地线等步骤执行，设备接地前应逐相充分放电。

（3）装、拆接地线的过程中，人体不得碰触接地线或未接地的导线及设备，以防触电。

【案例三】因漏投主变压器 220kV 纵差 TA 连接片造成三侧断路器跳闸，引起全站失电的误操作事故

1. 事故经过

12 月 12 日，220kV××变电站运维人员在操作"××2479 断路器由断路器检修改为副母运行，220kV 旁路断路器由代××2479 断路器副母运行改为副母对旁母充电"的过程中，由于漏投#1 主变压器 220kV 纵差 TA 连接片，造成#1 主变压器三侧断路器跳闸，引起全站失电的误操作事故。

事故前运行方式：220kV××变电站现有 1 台主变压器（#1 主变压器）、一条出线（××2479 线）、一个旁路，接线方式为单母带旁路接线。事故前 220kV 旁路断路器代××2479 线断路器运行，××2479 断路器处断路器检修状态。

12 月 12 日上午，因××2479 线 220kV 正母隔离开关（新扩建设备）与副母隔离开关连线进行搭接工作需要，220kV 旁路断路器代××2479 线断路器运行。16 时 25 分工作结束，16 时 46 分省调正令："××2479 断路器由断路器检修改为副母运行，220kV 旁路断路器由代××2479 断路器副母运行改为副母对旁母充电。"16 时 50 分，监护人高××、操作人董××开始操作，当操作至"放上#1 主变压器 220kV 纵差 TA 连接片，取下短接片"时，误将#1 主变压器保护屏上处于连接位置的"#1 主变压器 220kV 纵差旁路 TA 端子"当作"1 号主变压器 220kV 纵差 TA 端子"，在未进行认真确认的情况下即认为"#1 主变压器 220kV 纵差 TA 端子"已处于连接位置无需操作，并将操作票上该步骤打勾。

17 时 41 分，当操作至"放上#1 主变压器差动保护投入压板 2XB"时，#1 主变压器差动保护动作，××2479 线断路器及主变压器 110、35kV 侧断路器跳闸。

2．违章分析

当值操作人员违反《国家电网公司电力安全工作规程　变电部分》和《国家电网公司防误操作安全管理规定》关于倒闸操作的安全管理规定。

（1）当值操作人员操作前未认真核对设备名称、编号和位置，未按操作票填写的顺序逐项操作，漏项操作，导致"#1 主变压器 220kV 纵差 TA 端子"漏投。

（2）当值操作人员在操作过程中发现疑问时，未立即停止操作。（未经操作"#1 主变压器 220kV 纵差 TA 端子"即已投上，实际为假象）。

3．防止对策

（1）倒闸操作前先核对系统方式、设备名称、编号和位置，操作过程中按操作票顺序逐项操作，严禁漏项、跳项操作。

（2）倒闸操作中产生疑问时，应立即停止操作并向发令人报告，待发令人再行许可后，方可进行操作。

【案例四】因 10kV 小车开关装置故障，发生带接地合闸的恶性误操作事故

1．事故经过

4 月 4 日 16 时，330kV××变电站#1 主变压器及三侧断路器、#1 站用变压器预试、检修、保护校验工作全部完工，具备投运条件。19 时 06 分，#1 主变压器检修转运行。21 时 57 分，330kV××变电站运维人员开始执行站调口令："#1 站用变压器由检修转运行"的操作，执行第 10 项操作任务"拉开 151 丁隔离开关"时，监护人代替操作人操作，且未操作到位；第 11 项操作任务"检查 151 丁隔离开关三相确已拉开"的操作中，操作人、监护人、第二和三监护人员均只检查了接地隔离开关位置指示灯绿灯亮（分闸指示灯），而接地隔离开关实际未拉开。22 时 13 分，运维人员远方操作合上 151 断路器时，造成三相短路，151 断路器 RCS－9621 保护过流 I 段动作跳闸，同时，#1 主变压器差动保护动作，三侧断路器跳闸，致使××变电站#1 主变压器低压绕组损坏。

2．违章分析

当值操作人员违反《国家电网公司电力安全工作规程　变电部分》和《国家电网公司防误操作安全管理规定》关于倒闸操作的安全管理规定。

（1）倒闸操作人员违反《国家电网公司电力安全工作规程 变电部分》关于电气设备操作后位置检查的管理要求。在执行第 11 项操作任务"检查 151 丁隔离开关三相确已拉开"时，操作人、监护人、第二和第三监护人员仅凭接地隔离开关位置指示灯绿灯亮（分闸指示灯）即判定已操作到位。

（2）倒闸操作人员未严格执行监护复诵制度，在执行第 10 项操作任务"拉开 151 丁隔离开关"时，监护人代替操作人操作，而第二和第三监护人又未认真履行监护职责，监护制度流于形式。

（3）KYN28A－12（Z）/1250－31.5 型小车开关柜制造质量不良，存在机械闭锁装置失效、接地隔离开关分合位置指示灯指示错误等装置性违章。

（4）设备运行维护及缺陷管理工作不到位，小车开关柜 2006 年 11 月改造更换，存在制造质量问题，运行管理单位验收把关不严，在 2007 年 4 月的检修中未能发现并消除缺陷，存在管理违章。

3. 防止对策

（1）倒闸操作前先核对系统方式、设备名称、编号和位置，操作中认真执行监护复诵制度，严禁双人操作过程中失去监护操作。电气设备操作后的位置检查以设备各相实际位置为准，无法看到实际位置时应通过间接方法，如通过设备机械位置指示、电气指示、带电显示装置、仪表及各种遥测、遥信等信号的变化来判断。判断时，至少应有两个非同样原理或非同源的指示发生对应变化，且所有这些确定的指示均已同时发生对应变化。以上检查项目填写在操作票中作为检查项。

（2）加强设备运维管理，严把设备验收投运关，防止设备带缺陷投运。开展设备日常运维和设备隐患排查治理，提升设备本质安全水平。

【案例五】220kV 变电站进行旁路代操作中发生带电合接地刀闸的恶性误操作事故

1. 事故经过

4 月 8 日上午 7 时 40 分，220kV××变电站值班员执行"××变：110kV 旁路 540 断路器代凤×线 545 断路器运行，凤×线 545 断路器由运行转检修"的操作。周××操作，吴×监护。执行完操作票前 64 项，凤×线 545 断路器已转为冷备用。继续执行第 65 项"在 110kV 凤×线 5453 隔离开关断路器侧验明三相确无电压"时，周××在验电完毕收验电器期间，吴×走到凤×线 5450

接地刀闸操作把手前（5450 接地刀闸与 54530 接地刀闸操作把手相邻但操作面相差 90°），在未仔细核对设备双重名称的情况下，便左手握住凤×线 5450 接地刀闸的挂锁、右手拿程序钥匙插入挂锁（本应插在 54530 接地刀闸挂锁中），同时左手拉动挂锁。此时 5450 接地刀闸的挂锁锁环断落，程序钥匙未发出语音提示，吴×误以为开锁成功，只是挂锁损坏。锁具开启后，周××将操作杆放到"5450 接地刀闸"操作手柄上，欲执行第 66 项"合上 110kV 凤×线 54530 接地刀闸"，吴×下令"合闸"。此时，周××未再次确认设备编号，即合上凤×线 5450 接地刀闸，造成接地刀闸合于正在运行的 110kV 旁路母线，旁路 540 断路器保护动作跳闸。

2. 违章分析

当值操作人员违反《国家电网公司电力安全工作规程 变电部分》和《国家电网公司防误操作安全管理规定》关于倒闸操作的安全管理规定。

（1）监护人进行操作，导致双人操作失去监护。监护人吴×在操作人周××验电后，收回验电器期间独自将电脑钥匙与接地刀闸的"五防"闭锁锁具对位，没有履行监护职责。同时，也造成"对位"操作无人监护。

（2）"唱票复诵制度"执行不规范。① 监护人用"合闸"代替"合上 110kV 凤×线 54530 接地刀闸""对，执行"等口令；② 操作人在没有听到监护人"合上 110kV 凤×线 54530 接地刀闸"口令前，就将操作棒错误放入"凤×线 5450 接地刀闸"操作手柄上，盲目进行操作。

（3）操作前，未认真核对设备双重名称。在执行第 66 项"合上 110kV 凤×线 54530 接地刀闸"操作前，监护人在用电脑钥匙对位开锁前没有认真核对设备双重名称；操作人在将操作棒放入"凤×线 5450 接地刀闸"操作手柄上前没有核对设备双重名称；监护人在下达"合闸"命令以及操作人在执行合闸操作前均没有核对设备双重名称。

3. 防止对策

（1）倒闸操作应认真执行监护复诵制，监护人认真履监护职责，严禁双人操作过程中失去监护操作。

（2）倒闸操作应认真核对系统方式、设备名称、编号和位置无误后，方可开始操作。

（3）严格防误闭锁装置的运维管理。加强装置维护，确保装置完好；严格执行防误闭锁装置解锁管理规定，在倒闸操作中防误闭锁装置出现异常时必须停止操作，重新核对操作步骤及设备编号的正确性，查明原因，确系装置故障且无法处理时，按规定履行审批手续后方可解锁操作。

【案例六】220kV变电站进行母线由检修改运行的操作中，发生带接地线合闸的恶性误操作事故

1. 事故经过

××××年2月27日，220kV××变电站的35kV配电设备为室内双层布置，上下层之间有楼板，电气上经套管连接。当日进行#2主变压器及三侧断路器预试、35kVⅡ母预试、35kV母联断路器的301-2隔离开关检修等工作。工作结束后，在进行"35kVⅡ母线由检修转运行"操作过程中，21时07分，两名值班员拆除301-2隔离开关母线侧接地线（编号#20），但并未拿走而是放在网门外西侧。21时20分，另两名值班员执行"35kV母联301断路器由检修转热备用"操作，在执行35kV母联断路器301-2隔离开关断路器侧接地线（编号#15）拆除时，想当然地认为该接地线挂在2楼的穿墙套管至301-2隔离开关之间（实际挂在1楼的301断路器与穿墙套管之间），即来到位于2楼的301间隔前，看到已有一组接地线放在网门外西侧（由于楼板阻隔视线，看不到实际位于1楼的接地线），误认为应该由他们负责拆除的#15接地线已拆除，也没有核对接地线编号，即输入解锁密码，以完成"五防"闭锁程序，并记录该项工作结束，造成301-2隔离开关断路器侧接地线漏拆。

21时53分，在进行35kVⅡ母线送电操作，合上#2主变压器35kV侧312断路器时，35kVⅡ母母差保护动作跳开312断路器，造成带接地线合闸的恶性误操作事故。

2. 违章分析

当值操作人员违反《国家电网公司电力安全工作规程 变电部分》和《国家电网公司防误操作安全管理规定》关于倒闸操作的安全管理规定。

（1）当值操作人员在操作中未核对接地线编号，误将已拆除的301-2母线侧接地线认为是301-2断路器侧接地线，随意使用解锁程序，致使挂在301-2隔离断路器侧的#15接地线漏拆。

（2）设备送电前，在拆除所有安全措施后未清点接地线组数，也没有到现场对该回路进行全面检查，把关不严。

（3）该站未将跳步密码视同解锁钥匙进行管理，致使值班员能够随意使用解锁程序，使"五防"装置形同虚设。

3. 防止对策

（1）倒闸操作前应认真核对系统方式、设备名称、编号和位置无误。

（2）设备合闸送电前，核对检查送电范围内的接地线、接地刀闸已全部拆除。

（3）严格防误装置解锁管理，将人工置位授权密码、跳步器等作为防误解锁工具纳入防误解锁管理范畴，明确解锁管理规定和审批流程。

【案例七】110kV 变电站 10kV 开关室外墙粉刷过程中外包作业人员发生触电事故

1. 事故经过

根据工作计划，110kV××变电站外墙粉刷工作计划在××××年 8 月开展。7 月 13 日，运维人员会同外包单位工作负责人何×前往现场勘查，现场提出工作期间需将 10kVⅠ段×拉 141、×欧 143、×岗 145 全部停电。7 月 25 日，供电公司组织召开月度停电计划平衡会，会上提出根据当地政府有关工作要求，×岗 145 线路定为为期 3 个月的保电任务，在工作安排中明确未列入停电计划。8 月 12 日，供电公司运维检修部副主任管×将停电计划口头告知外包单位的何×，并交代×岗 145 不停电。供电公司运维检修部工作票签发人管×与外包单位工作票签发人龙×以工作票双签发形式签发变电站（发电厂）第一种工作票。

××××年 8 月 15 日 10 时 7 分，运维值班人员张××、沈×根据调度指令将 10kV×拉 141、×欧 143 线路由运行状态转为检修状态，并经现场核对与后台状态一致。随后向施工队负责人口头交代现场安全措施，交代事项包括：工作票上的安全措施、停电线路间隔以及备用线路间隔，交代施工队工作负责人工作中注意与其他带电设备保持足够安全距离并不得擅自扩大工作范围，经施工队负责人确认后许可开工。

10 时 50 分，运维值班人员在继保室内进行巡视检查时听到施工现场有人员呼救，立即前往查看情况，发现有人触电。运行值班人员启动事故应急处置流程，开展现场触电急救，同时拨打 120 急救电话。（事发时，2 名施工人员正在移动脚手架，工作负责人何×及其余两名施工人员在组装另一脚手架和搅拌涂料等准备工作）。

11 时 2 分，运维值班人员和施工人员将触电人员送往医院，一人经抢救无效死亡，另一人轻伤。

2. 违章分析

（1）施工人员安全意识淡薄，对作业现场存在的风险点辨识不清，在未采取任何安全措施的情况下盲目移动脚手架（高度 5.1m），导致脚手架与 10kV×岗 145 线路（穿墙套管至地面的距离为 4.2m）安全距离不足，引发触电事故。

（2）运维人员现场安全措施布置不足，未对作业现场带电设备与检修设备悬挂警示标识，未布置隔离措施。

（3）外包单位、供电公司对风险辨识不到位，未针对作业现场 10kV×岗 145 线路因保电不能停电的情况制定针对性防控措施。

（4）工作票许可人现场安全交底针对性不强，安全风险告知不全，运行区域安全监护不到位。

（5）外包单位工作负责人未按照安全协议履行安全管理职责、未履行现场安全监护责任，作业现场安全秩序失控，没有及时制止工作人员在工作过程中的明显违章行为。

3. 防止对策

（1）强化作业计划组织管理，科学合理安排作业计划，将辅助设施作业与综合检修统筹结合，降低作业风险，减少现场数量，对涉及保电任务的站、线原则上不安排工作，对管控能力不足的实行"一票否决"。

（2）强化作业安全管控，对存在临近带电、有限空间、高处坠落、交叉跨越等风险的，认真开展现场勘察，针对性分析安全风险，交代清楚具体危险点，布置完善的安全措施。

（3）实行外包队伍和人员"双准入"管理，建立两个数据库来记录外包企业资信、人员能力、违章记录、安全事件等情况，对企业安全资信不合格、人员安全能力不足的坚决禁入。加强动态管理，结合违章情况、安全事故、违法转分包、出租执照等不良记录，对严重违章的外包队伍实行停工、停结算、停招标等暂时性处罚措施，将不合格队伍纳入"黑名单"并坚决清除出去。

（4）强化设备主人制，严格生产场所外来人员的安全管理，严把安全教育、安全交底、"两票"审核等关键环节安全关。对邻近带电设备、高处作业、夜间和节假日作业的，规范使用安全工器具及劳动防护用品，加强现场安全监护。

（5）强化安全教育培训。开展安全法规制度和安全责任清单培训，进一步提高领导干部、管理人员等的安全履职意识和能力。强化全员安全警示教育，提高全员安全意识和技能水平。加大安全教育培训投入，开展外包单位人员安全教育，重点培训作业中用得到、安全风险高、经常发生违章的内容，按照"干什么、考什么"的原则实施针对性考试。

【案例八】500kV 变电站进行间隔防腐除锈工作期间，发生高空作业车误入带电间隔造成 220kV 母线跳闸事件

1. 事故经过

××××年 4 月 4～9 日，某供电公司进行××变电站 500kV#1 主变压器及三侧一二次设备维护、精益化整治，#1 主变压器排油充氮系统及电缆沟隐患改造，5012TA 更换等三项工作。4 月 9 日，站内开展 500kV#1 主变压器本体瓦斯排气、相关设备防腐除锈及配合验收等工作，工作负责人是魏某。11 时 10 分，在完成主变压器本体瓦斯排气工作后，工作负责人魏某安排高空作业车驾驶员朱某先将车辆驾驶至#1 主变压器 201 间隔处，等待开展 201 间隔相关设备防腐除锈工作。朱某将高空作业车行至母联 212 间隔处，误认为已到达工作地点，在未经许可、未核对间隔的情况下打开支腿、调整斗臂角度开展作业准备，调整过程中斗臂对母联 212 开关与 TA 间 B 相引流线放电，引起 220kV#2 母线差动保护和母联死区保护动作，220kV#2、#1 母线先后跳闸，切除×驾双回、×曹双回、×观双回共 6 回线路，导致 2 座 220kV 变电站全停，损失负荷 14.9 万 kW。

2. 违章分析

（1）作业风险管控不到位。电网运行安全风险和作业安全风险预警管控全过程存在薄弱环节，作业组织管理不完善，现场勘察不细致，风险辨识评估不全面。临近带电设备使用高空作业车，未有效制定落实防止误碰带电设备的措施，未充分考虑作业地点可能误碰临近母联间隔对电网安全运行的影响。

（2）现场监督监护不到位。相关领导和管理人员未严格落实到岗到位要求，现场作业秩序管理不严格。工作负责人未能有效履行现场安全监护和管控责任，现场工作安排有漏洞，开工前安全交底不充分。相关人员没有及时发现并制止高空作业车驾驶员误入带电间隔、擅自操作作业车的违章行为，现场安全失控。

（3）人员安全教育和管理不到位。作业人员安全意识淡薄，作业行为随意，没有掌握近电作业安全风险和防控措施，在没有监护情况下擅自进入现场、未得到许可即开展作业准备，严重违反《安规》要求。同时反映出相关人员对《安规》学习不实，人员安全教育和管理不到位。

3. 防止对策

（1）加强现场作业风险辨识与管控，针对相邻间隔或上方跨线带电、使用大型机械等高风险的作业项目，作业实施单位要认真组织开展勘察工作，全面辨识风险，严格按照《国家电网有限公司作业安全风险预警管控工作规范（试行）》进行作业风险定级评估，严把"三措一案"编制、审核、审批，坚决做到风险辨识不到位不安排、管理措施不明确不安排、承载力不匹配不安排。

（2）认真组织开展勘察工作，全面辨识风险，严格进行作业风险定级评估，严把"三措一案"编制、审核、审批，坚决做到风险辨识不到位不安排、管控措施不明确不安排、承载力不匹配不安排。

（3）严格执行《安规》及"两票三制"，落实工作许可、工作监护等制度，认真组织开展现场安全交底，明确工作内容、人员分工、带电部位，充分进行危险点及安全防范措施告知，确保作业人员熟悉作业条件、作业环境及作业流程。有效落实作业现场安全围栏、硬隔离等安全措施，严防擅自扩大作业范围。

（4）加强人员安全准入管理，强化外来人员安全教育培训，压紧压实"三种人"、专责监护人责任，强化作业现场风险管理。

【案例九】发电公司当值电气运行人员在进行发电机并网前检查过程中，运维人员强行打开柜内隔离挡板引发触电事故

1. 事故经过

××××年5月2日，某发电公司机组C级检修工作全部结束，锅炉已点火，准备进行汽轮机冲转前的检查确认工作。1时40分左右，电气副值曹某、孟某在进行发电机并网前检查过程中，发现发电机出口开关101柜内有积灰，遂进行柜内清扫工作，1时46分，曹某在强行打开柜内隔离挡板时，触碰发电机出口10kV开关静触头，导致触电，经抢救无效后死亡。

2. 违章分析

（1）未统筹好安全、质量与工期的关系，安全责任清单未做到"一组织一清单、一岗位一清单"，生产人员对清单内容不清楚、不掌握，安全培训存在缺失，现场工作人员安全意识严重不足。

（2）现场安全风险辨识不到位，"五防"管理不规范，运行人员不清楚设备带电状态及危险点，安全风险辨识、分析、防控形同虚设。

（3）现场习惯性违章问题突出，运行人员未严格执行"两票"管理规定，超范围工作，违规打开发电机出口开关柜内隔离挡板进行清扫。

（4）电气检修承载力不足，当值运行人员参与电气检修作业，运行与检修工作界面不清、组织分工不明，保证安全的组织措施无法有效落实。

3. 防止对策

（1）坚持"党政同责、一岗双责、齐抓共管、失职追责"和"三管三必须"要求，坚守依法合规底线，严肃安全生产纪律，强化安全风险管控，落实安全管理责任，通过抓住关键人，带动一班人，一级抓一级，层层抓落实，牢牢拧紧各级人员履责链条。

（2）认真落实"月计划、周安排、日管控"要求，严禁无计划开展作业，加强领导干部和管理人员到岗到位、安全督查、作业班组承载力分析，严禁超范围、超能力工作，严禁盲目赶工期、抢进度。

（3）落实建设施工和运维检修项目各层级安全风险辨识及管控责任，确保风险辨识无死角、措施无遗漏、过程严管控，严肃作业现场"两票三制""五防"管理制度的刚性执行。

【案例十】110kV 变电站配电装置改造项目施工期间，人员使用钢卷尺靠近带电的母线引下线引发生放电事故

1. 事故经过

按照工作计划，××××年 6 月 16 日 21 时至 6 月 17 日 18 时，施工单位进行 110kV×变电站 110kVⅡ凤×线至 2#主变压器过渡方式恢复正常方式改接线工作，工作地点在Ⅱ凤×线穿墙套管外侧（线路侧）。6 月 17 日 17 时 50 分，该工作结束并办理了工作终结。此时，110kVⅡ凤×2 开关处于冷备用状态，Ⅱ凤×2 东刀闸母线侧带电。6 月 17 日 19 时 13 分，工作负责人孙×和变电运维正值沈×前往Ⅱ凤×2 开关间隔，进行间距测量工作（非工作票所列作业内容），在钢卷尺靠近带电的母线引下线过程中发生放电，导致孙×触电死亡，沈×被严重烧伤。

2. 违章分析

（1）安全风险辨识不到位。工作票中"工作地点"描述不准确，风险点分析不全面，设备保留带电部位不全，未针对性布置隔离措施、悬挂警示标识；现场安全交底流于形式，相关管理人员未严格执行到岗到位要求。

（2）作业人员安全意识淡薄。现场工作负责人、运维人员违反《安规》要求，在带电设备区域内违章使用钢卷尺进行测量工作，且进入设备区不戴安全帽，缺乏基本的安全意识。

3. 防止对策

（1）加强检修作业安全管理，检修单位、运维单位要切实履行安全职责，严格执行检修施工"三措一案"，切实抓好作业组织管理。

（2）规范"两票三制"的执行，严格落实"五防"措施，加强危险点分析控制，夯实检修作业安全管理基础。

（3）加强施工作业人员安全教育培训，严格人员安全准入，加大安全管控力度。

第七章

班组安全管理

第一节　班组日常安全管理

运维班组的安全职责如下：

（1）贯彻落实"安全第一、预防为主、综合治理"的方针，按照"三级控制"制定本班组年度安全生产目标及保证措施，布置落实安全生产工作，并予以贯彻实施。

（2）执行各项安全工作规程，开展作业现场危险点预控工作，执行"两票三制"。执行检修规程及工艺要求，确保生产现场的安全，保证生产活动中人员与设备的安全。

（3）做好班组管理，做到工作有标准，岗位责任制完善并落实，设备台账齐全，记录完整。制定本班组年度安全培训计划，做好新入职人员、变换岗位人员的安全教育培训和考试。

（4）开展定期安全检查、隐患排查、安全生产月和专项安全检查等活动。积极参加上级各类安全分析会议、安全大检查活动。

（5）组织开展每周（或每个轮值）一次的安全日活动，结合工作实际开展经常性、多样性、行之有效的安全教育活动。

（6）开展班组现场安全稽查和自查自纠工作，制止人员的违章行为。

（7）定期组织开展安全工器具及劳动保护用品检查，对发现的问题及时处理和上报，确保作业人员工器具及防护用品符合国家、行业或地方标准的要求。

（8）执行安全生产规章制度和操作规程。执行现场作业标准化，正确使用标准化作业程序卡，参加检修、施工等工作项目的安全技术措施审查，确保所辖设备检修、大修、业扩等工程的施工安全。

（9）加强所辖设备（设施）管理，组织开展电力设施的安装验收、巡视检查和维护检修，保证设备安全运行。定期开展设备（设施）质量监督及运行评价、分析，提出更新改造方案和计划。

（10）执行电力安全事故（事件）报告制度，及时汇报安全事故（事件），保证汇报内容准确、完整，做好事故现场保护，配合开展事故调查工作。

（11）开展技术革新、合理化建议等活动，参加安全劳动竞赛和技术比武，促进安全生产。

第二节 作业安全监督

一、设备巡视

1. 设备巡视的基本安全要求

（1）变电站生产现场应具备完善的安全措施和标识，站内施工区域必须与运行区域可靠隔离。

（2）为确保夜间巡视安全，变电站应具备完善的设备区照明。

（3）现场巡视用具应合格、齐备。

（4）巡视应执行标准化作业，有针对性地开展设备巡视，保证巡视质量。

（5）巡视设备时运维人员应着工作服，正确佩戴安全帽。雷雨天气必须巡视时应穿绝缘靴、着雨衣，不得靠近避雷器和避雷针，不得触碰设备和架构。

（6）巡视人员应注意人身安全，针对运行异常且可能造成人身伤害的设备应开展远方巡视，应尽量缩短在瓷质、充油设备附近的滞留时间。

（7）进入户内 SF_6 设备室巡视时，运维人员应检查其氧量仪和 SF_6 气体泄漏报警仪显示是否正常；显示 SF_6 含量超标时，人员不得进入设备室。进入户内 SF_6 设备室之前，应先通风 15min 以上。巡视时如遇室内 SF_6 设备发生故障，巡视人员应迅速撤出现场，开启所有排风机进行排风。

（8）登高巡视时应注意力集中，登上开关机构平台检查设备、接触设备的外壳和构架时，应做好感应电防护。

（9）进行单人巡视的高压设备、人员应符合《变电安规》的要求。巡视中运维人员应按照巡视路线进行，在进入设备室、打开机构箱、屏柜门时不得进行其他工作（严禁进行电气工作），不得移开或越过遮栏。

（10）巡视中发现异常和缺陷应及时汇报，并做好记录。

2. 巡视的分类

按照电压等级、在电网中的重要性将变电站分为一类、二类、三类和四类变电站，实施差异化运维。

（1）一类变电站是指交流特高压站，直流换流站，核电、大型能源基地（300万 kW 及以上）外送及跨大区（华北、华中、华东、东北、西北）联络 750/500/330kV 变电站。

（2）二类变电站是指除一类变电站以外的其他 750/500/330kV 变电站，电厂外送变电站（100 万 kW 及以上、300 万 kW 以下）及跨省联络 220kV 变电站，主变压器或母线停运、开关拒动造成四级及以上电网事件的变电站。

（3）三类变电站是指除二类以外的 220kV 变电站，电厂外送变电站（30万 kW 及以上、100 万 kW 以下），主变压器或母线停运、开关拒动造成五级电网事件的变电站，为一级及以上重要用户直接供电的变电站。

（4）四类变电站是指除一、二、三类以外的 35kV 及以上变电站。

变电站的设备巡视检查分为例行巡视、全面巡视、专业巡视、熄灯巡视和特殊巡视。

3. 例行巡视

（1）例行巡视是指对站内设备及设施外观、异常声响、设备渗漏、监控系统、二次装置及辅助设施异常告警、消防安防系统完好性、变电站运行环境、缺陷和隐患跟踪检查等方面的常规性巡查，具体巡视项目按照现场运行通用规程和专用规程执行。

（2）例行巡视周期。一类变电站每 2 天不少于 1 次，二类变电站每 3 天不少于 1 次，三类变电站每周不少于 1 次，四类变电站每 2 周不少于 1 次。配置机器人巡检系统的变电站，机器人可巡视的设备可由机器人巡视代替人工例行巡视。

4. 全面巡视

（1）全面巡视是指在例行巡视项目的基础上，对站内设备开启箱门检查，记录设备运行数据，检查设备污秽情况，检查防火、防小动物、防误闭锁等有无漏洞，检查接地引下线是否完好，检查变电站设备厂房等方面的详细巡查。

全面巡视和例行巡视可一并进行。

（2）全面巡视周期：

1）一类变电站每周不少于 1 次，二类变电站每 15 天不少于 1 次，三类变电站每月不少于 1 次，四类变电站每 2 月不少于 1 次。

2）需要解除防误闭锁装置才能进行巡视的，巡视周期由各运维单位根据变电站运行环境及设备情况在现场运行专用规程中明确。

5. 熄灯巡视

（1）熄灯巡视指夜间熄灯开展的巡视，重点检查设备有无电晕、放电，接头有无过热现象。

（2）熄灯巡视每月不少于 1 次。

6. 专业巡视

（1）专业巡视指为深入掌握设备状态，由运维、检修、设备状态评价人员联合开展对设备的集中巡查和检测。

（2）一类变电站每月不少于 1 次，二类变电站每季不少于 1 次，三类变电站每半年不少于 1 次，四类变电站每年不少于 1 次。

7. 特殊巡视

特殊巡视指因设备运行环境、方式变化而开展的巡视。遇有以下情况，应进行特殊巡视：

（1）大风后；

（2）雷雨后；

（3）冰雪、冰雹后、雾霾过程中；

（4）新设备投入运行后；

（5）设备经过检修、改造或长期停运后重新投入系统运行后；

（6）设备缺陷有发展时；

（7）设备发生过负载或负载剧增、超温、发热、系统冲击、跳闸等异常情况；

（8）法定节假日、上级通知有重要保供电任务时；

（9）电网供电可靠性下降或存在发生较大电网事故（事件）风险时段。

二、设备维护

1. 设备维护的基本安全要求

（1）设备维护所涉及的相关高压设备、人员应符合《变电安规》的要求。

（2）设备维护时所使用的安全用具及工器具应合格、齐备。

（3）设备维护应执行标准化作业，有针对性地开展工作，保证维护质量。

（4）设备维护时运维人员应着工作服，正确佩戴安全帽。

（5）设备维护工作，一般应安排在负荷低谷或适当时候进行，并做好事故预想，制定安全对策。

2. 日常维护

（1）避雷器动作次数、泄漏电流抄录每月 1 次，雷雨后增加 1 次。

（2）管束结构变压器冷却器每年在大负荷来临前，应进行 1～2 次冲洗。

（3）高压带电显示装置每月检查维护 1 次。

（4）单个蓄电池电压测量每月 1 次，蓄电池内阻测试每年至少 1 次。

（5）在线监测装置每季度维护 1 次。

（6）全站各装置、系统时钟每月核对 1 次。

（7）防小动物设施每月维护 1 次。

（8）安全工器具每月检查 1 次。

（9）消防器材每月维护 1 次，消防设施每季度维护 1 次。

（10）微机防误装置及其附属设备（电脑钥匙、锁具、电源灯）维护、除尘、逻辑校验每半年 1 次。

（11）接地螺栓及接地标志维护每半年 1 次。

（12）排水、通风系统每月维护 1 次。

（13）漏电保安器每季试验 1 次。

（14）室内外照明系统每季度维护 1 次。

（15）机构箱、端子箱、汇控柜等的加热器及照明每季度维护 1 次。

（16）安防设施每季度维护 1 次。

（17）二次设备每半年清扫 1 次。

（18）电缆沟每年清扫 1 次。

（19）事故油池通畅检查每 5 年 1 次。

（20）配电箱、检修电源箱每半年检查、维护 1 次。

（21）室内 SF_6 氧量告警仪每季度检查维护 1 次。

（22）防汛物资、设施在每年汛前进行全面检查、试验。

3. 设备定期轮换、试验

（1）在有专用收发讯设备运行的变电站，运维人员应按保护专业有关规定进行高频通道的对试工作。

（2）变电站事故照明系统每季度试验检查 1 次。

（3）主变压器冷却电源自投功能每季度试验 1 次。

（4）直流系统中的备用充电机应半年进行 1 次启动试验。

（5）变电站内的备用站用变压器（一次侧不带电）每半年应启动试验 1 次，每次带电运行不少于 24 小时。

（6）站用交流电源系统的备自投装置应每季度切换检查 1 次。

（7）对强油（气）风冷、强油水冷的变压器冷却系统，各组冷却器的工作状态（即工作、辅助、备用状态）应每季进行轮换运行 1 次。

（8）对 GIS 设备操作机构集中供气的工作和备用气泵，应每季轮换运行 1 次。

（9）对通风系统的备用风机与工作风机，应每季轮换运行 1 次。

（10）UPS 系统每半年试验 1 次。

三、变电站防小动物管理

（1）各设备室的门窗应完好严密，出入时随手将门关好。

（2）设备室通往室外的电缆沟、道应严密封堵，因施工拆动后及时堵好。

（3）各设备室不得存放粮食及其他食品，站内厨房的各种食品有固定存放地点或专用存放器具。各设备室应搁放捕鼠器械。

（4）各开关柜、电气间隔、端子箱和机构箱应采取防止小动物进入的措施，高压配电室、低压配电室、电缆层室、蓄电池室、控制室、保护室出入门应有防小动物挡板，并装设相应的醒目标志。

（5）运行变电站因工作需要开挖已封堵的孔洞应与当值联系，并做到当天开挖、当天封堵、人离即封堵，实行"谁开挖，谁封堵"的原则。如影响次日工作，也应采取可靠的临时措施，并经当值运维人员验收合格。

（6）变电站应具有完整的防小动物检查示意图，图中标明各室需进行防小动物的电缆进出孔洞、门、窗、防鼠挡板、捕鼠器械等内容，改造时同步及时对防小动物检查示意图进行更新。

（7）每月一次检查捕鼠器械是否完好有效，否则及时调换。每月一次检查防鼠挡板、开关室门缝隙、各电缆孔洞，发现的问题应尽快处理。

（8）生产区域内不留长草，禁止生产区域种植农作物。

四、变电站设备标识管理

（1）变电站现场一、二次设备均必须有规范、完整、清晰、准确的命名标志，命名应以调度命名、图纸、设备实际功能为依据。

（2）安装设备的命名标志时应严格与设备相符。

（3）现场一次设备、压板、切换片、熔丝、小开关、小闸刀、电流端子等元件的名称编号应严格做到典型操作票、实物标签、实际操作票面、手工或微机开票四者相符。

（4）多位置的切换开关，其每一切换位置都应有明显标志。

（5）多单元的控制屏、保护屏后应有明显的分割线，并标明单元名称。

（6）控制屏、保护屏后每一单元的端子排上部，应标明单元名称。

（7）在外露的跳闸出口继电器的外壳上，应标有禁止触动的明显标志。

（8）现场一次设备应有相别色标，隔离开关操作部件上应有转动方向，接地刀闸机构操作杆上应有黑色标志。

五、变电站设备检测管理

1. 设备测温管理

（1）带电设备每年应安排两次计划普测，一般在预试和检修开始前应安排一次红外检测，以指导预试和检修工作。

（2）根据运行方式和设备变化安排重点测温，下列情况需进行重点测温：

1）长期大负荷的设备应增加测温次数；

2）设备负荷有明显增大时，根据需要安排测温；

3）设备存在异常情况，需要进一步分析鉴定；

4）上级有明确要求时（如保供电等）；

5）新建、改扩建的电气设备在其带负荷后、大修或试验后应进行一次测温；

6）遇有较大范围设备停电（如主变压器、母线停电等），应安排对将要停电的设备进行测温。

（3）表面发出的红外辐射不受阻挡的设备均属于测温管理的有效监测设备，如变压器、断路器、隔离开关、互感器、无功装置、避雷器、电力电缆、母线、导线、组合电器、低压电器、交直流设备、二次回路等。

2. 在线监测装置的管理

（1）变电运维单位应在本单位的《变电站现场专用运行规程》中增加关于在线监测系统运行管理方面的相关内容，并建立在线监测系统的设备台账和运行履历。

（2）变电运维人员应了解在线监测装置的原理，熟悉在线监测装置的功能和使用。

（3）变电运维人员应结合设备日常巡视，定期检查在线监测装置及相关设备的运行状况，及时发现在线监测装置的运行缺陷，并做好相关记录工作。

（4）变电运维人员应结合设备日常巡视，定期检查监测数据是否在正常范围内，如有异常应向设备检修管理部门及时汇报。

（5）在线监测系统的巡视内容：

1）检查监测装置的外观应无锈蚀、密封良好、连接紧固；

2）检查电缆的连接应无松动和断裂；

3）检查油气管路接口应无渗漏；

4）检查就地显示装置应显示正常；

5）检查数据通信情况应正常；

6）检查站控监测单元运行应正常。

（6）在线监测系统的电源电压超出监测系统规定的范围或进行电源切换时，应及时检查系统工作是否正常。

（7）在被监测设备充电、倒闸操作及其他可能影响在线监测系统运行的情况下，应及时检查相关监测装置工作是否正常。

（8）在特殊情况下，如被监测设备遭受雷击、短路等大扰动后，或监测数据异常，以及在大负荷、异常气候等情况时应加强巡视。

六、待用间隔的管理

（1）"待用间隔"应具有调度双重命名，"待用间隔"内连接设备应按调度管辖权限纳入各级调控中心管理范围。

（2）运维管理单位应对"待用间隔"做好现场运行管理工作，应在现场模拟主接线（监控系统）主接线图上标示清楚。

（3）完整待用间隔应处于检修状态，其相关保护及安全自动装置应置于停用状态，待用间隔的母差 TA 应脱离母差回路并短接接地。

（4）"待用间隔"内连接设备与非连接设备之间的引线必须解开。

（5）"待用间隔"内连接设备的断路器、隔离开关必须断开，其操作手柄、网门应加锁。

（6）"待用间隔"与运行的二次保护及安全稳定控制装置间应设置有明显断开点的安全隔离措施。

七、变电站倒闸操作

1. 倒闸操作基本要求

（1）发令人、受令人、操作人员（包括监护人）应具备相应资质，操作人员应考试合格且名单经运维管理单位或调度控制中心批准公布。

（2）操作设备应有明显标志，包括命名、编号、分合指示、旋转方向、切换位置的指示和区别电气相别的色标。

（3）应有与现场实际相符的一次系统模拟图或电子接线图。

（4）应具备齐全和完善的现场运行专用规程和统一规范的调度操作术语。

（5）应有值班调控人员或运维负责人正式发布的指令和经事先审核合格的操作票。《变电安规》规定可以不使用操作票的操作除外。

（6）应有合格的操作工具、安全用具和设施（包括对号放置接地线的专用装置）。

（7）电气设备应有完善的防止电气误操作闭锁装置。

（8）调度控制中心远方操作应具有完善的防误闭锁措施和可靠的设备状态确认方式。

2. 倒闸操作基本步骤

（1）操作人员应明确操作目的和顺序，分析操作过程中可能出现的危险点并采取相应的措施。

（2）操作人员按预先布置的操作任务（操作步骤）正确填写操作票。

（3）操作票经审核并签名。

（4）接受正式操作指令，记录发令时间。

（5）模拟预演，检查核对系统方式、设备名称、编号和状态。

（6）按操作票逐项唱票、复诵、监护、操作，确认设备状态与操作票内容相符并打勾。

（7）汇报操作结束及时间。

（8）做好记录并核对系统模拟图或电子接线图与设备状态一致，然后签销操作票。

3. 顺控操作（程序化操作）

（1）顺控操作（程序化操作）是变电站倒闸操作的一种操作模式，可实现操作项目软件预制、操作任务模块式搭建、设备状态自动判别、防误联锁智能校核、操作步骤一键启动、操作过程自动顺序执行。

（2）实施顺控操作的变电站应明确自动判断设备状态的具体检查要求，现场专用运行规程还应明确顺控操作过程中出现异常时的处置方法（步骤）和安全管理要求。

（3）顺控操作的预制操作票和常规典型操作票应尽可能保持操作步骤的一致性，以方便两种操作模式的转换。

（4）顺控操作应具备完善的防误闭锁功能。顺控操作因故停止、转常规倒闸操作时，也应有完善的防误闭锁功能。

（5）实现顺控操作的系统应具有操作票强制模拟预演功能，预演不通过不得执行该操作票。模拟预演应不影响设备运行。

（6）顺控操作应具备人工急停功能。

4. 倒闸操作流程

（1）接受值班调控人员预令。

1）接受值班调控人员预令应由正值及以上岗位当班运维人员进行，接令时双方互通站名、姓名。

2）对接受指令全过程进行录音；接受指令应使用规范的调度术语，明确操作目的和操作时间。

3）执行复诵制，经双方确认无误后，做好记录；如有疑问及时询问清楚。

（2）填写操作票并审票正确。

1）核对模拟图（包括各种电子接线图，下同）应与实际运行方式相符。

2）拟票人应根据调度指令，参照模拟图版、运行规程和典型操作票正确拟票，审票人逐项进行审核。如发现操作票有误，应作废操作票，由拟票人重新拟票，审票人再履行审票手续。拟票人和审票人不得为同一人。

3）每张操作票只能填写一个操作任务，票面应清楚整洁，不得涂改；操作票应填写设备双重命名。

（3）明确操作目的，做好危险点分析和预控。

监护人向操作人交代操作目的和预定操作时间，共同分析操作中可能遇到的危险点，提出针对性预控措施。

（4）接受正令，模拟预演。

1）接受正令应由正值及以上岗位运维人员接令，接令时应互通站名和姓名，没有接到"发令时间"运维人员不得进行操作。

2）接收调度指令用语需规范，并做好录音；如有疑问，应向发令人询问清楚。

3）模拟操作，监护人持操作票逐项唱票，操作人复诵，再次核对操作票的正确性。

（5）倒闸操作。

1）操作前，应按规定正确着装，准备合格和充足的安全工器具，检查现场录音设备完好。

2）操作人在前、监护人在后，一同抵达操作现场。

3）操作前，确认操作的设备双重命名与操作票相符。

4）倒闸操作必须有两人进行，必要时应增设监护人。

5）监护人按操作票顺序高声唱票，操作人复诵，在监护人发出"对、执行"指令后操作人员才能进行操作。

6）执行同一个倒闸操作任务，中途不准换人；操作过程中不能接打与操作无关的电话；操作人不得有任何未经监护人同意的操作行为。

7）正常操作时，不准用万能钥匙解锁或撬砸防误闭锁装置；确需解除防误闭锁装置时，应严格执行防误装置解锁管理规定。

8）每操作完一项及时打"√"，不得事后补打。

9）用绝缘棒拉合隔离开关或经传动机构拉合断路器和隔离开关，均应正确戴绝缘手套。雨天操作室外高压设备时，绝缘棒应有防雨罩，还应穿绝缘靴。接地网电阻不符合要求的，晴天也应穿绝缘靴。雷电时，一般不进行倒闸操作，禁止在就地进行倒闸操作。

10）操作时，操作人、监护人选择合适的站位，操作人的身体应避开断路器和把手活动范围。

11）装拆高压熔断器，应戴护目镜和绝缘手套；必要时使用绝缘夹钳，并站在绝缘垫或绝缘台上。

12）验电时，应使用相应电压等级、合格的接触式验电器，在装设接地线或合接地刀闸处对各相分别验电。验电前，应先在有电设备上进行试验，确证验电器良好。高压验电应戴绝缘手套，雨雪天气时不得进行室外直接验电。

13）当验明确无电压后立即将检修设备接地并三相短路。对于可能送电至停电设备的各方面都应装设接地线或合上接地刀闸。装拆接地线应由两人进行（经批准可以单人装拆接地线的项目及运维人员除外）。

14）装拆接地线均应使用绝缘棒和戴绝缘手套。人体不得碰触接地线或未接地的导线，以防止感应电触电。

15）装设接地线应先接接地端，后接导体端，接地线应接触良好，连接应可靠。拆接地线的顺序与此相反。严禁用缠绕的方法进行接地或短路。接地线应装在该装置导电部分的规定地点，这些地点的油漆应刮去。禁止使用其他导线作接地线或短路线。

16）全部操作完毕向值班调控人员汇报操作结束及时间，改正图板，签销操作票，复查评价。

17）在设置"禁止使用无线通信"警示牌的区域内工作时，不得使用对讲机和手机。

八、防误装置

1. 防误装置日常管理

（1）对于新（改、扩）建的变电站，防误装置必须与主设备同时设计、同时安装、同时验收投运。改（扩）建工程采用的防误闭锁装置型式应与前期保持一致。

（2）变电运维（操作）人员和检修维护人员应熟悉防误装置的管理规定，做到"四懂三会"。新上岗人员应进行相关知识和技能的培训。

（3）防误装置的检修和缺陷管理应与主设备相同，并明确运维、检修单位各自的管辖范围和检修、维护职责。

（4）防误装置管理应纳入变电站现场专用运行规程，明确技术要求、使用方法、定期检查、维护检修和巡视等内容。

（5）建立完善防误闭锁台账，加强对防误闭锁装置安装率、完好率的查对和统计。

（6）防误装置及其附属设备（通信适配器、电脑钥匙、锁具等）的巡视检查应随变电站全面巡视同步开展。

（7）杜绝随意解锁或频繁解锁，在缺陷发现、跟踪、消缺方面实现闭环管理。在日常巡视检查中发现影响防误装置可靠运行的缺陷，必须视作紧急缺陷立即组织消缺。

（8）微机防误的人工置位授权密码应由站（班）长、技术员掌控，不得擅自使用。对测控装置防误解锁压板，应有醒目的警示标志。

2. 防误装置解锁管理

（1）对防误装置的解锁操作分为电气解锁、机械解锁和逻辑解锁。以任何形式部分或全部解除防误装置功能的操作均视作解锁。

（2）防误装置的解锁工具（钥匙）或备用解锁工具（钥匙）、解锁密码必须有专门的保管和使用制度，内容包括：倒闸操作、检修工作、事故处理、特殊操作和装置异常等情况下的解锁申请、批准、解锁监护、解锁使用记录等规定；防误装置授权密码、解锁工具（钥匙）应使用专用的装置封存，专用装置应具有信息化授权方式。

（3）高压电气设备的防误闭锁装置因缺陷不能及时消除、防误功能暂时不能恢复时，可以通过加挂机械锁作为临时措施。此时机械锁的钥匙也应纳入防误解锁管理，禁止随意取用。

（4）任何人不得随意解除闭锁装置，禁止擅自使用解锁工具（钥匙）或扩大解锁范围。

（5）正常情况下，防误装置严禁解锁或退出运行。

（6）特殊情况下，防误装置解锁应执行下列规定：

1）若遇危及人身、电网和设备安全等紧急情况需要解锁操作，可由变电运维班当值负责人下令紧急使用解锁工具（钥匙），解锁工具（钥匙）使用后应及时填写相关记录。

2）防误装置及电气设备出现异常要求解锁操作时，应经运维管理部门防误操作装置专责人或运维管理部门指定并经书面公布的人员到现场核实无误并签字后，由变电站运维人员告知当值调控人员，方可使用解锁工具（钥匙），并在运维人员监护下操作。不得使用万能钥匙或一组密码全部解锁等解锁工具（钥匙）。

（7）解锁工具（钥匙）应批准一次使用一次，使用后应立即将解锁钥匙封存，并按规定做好使用记录。

3. 二次设备防误管理

（1）设备要求。

1）二次设备屏柜及屏柜上装置、压板、切换端子、控制开关、信号指示等的命名和标识应规范，与运行规程和典型操作票一致。二次屏柜内不同单元的设备（包括继电器、接触器、端子排、压板、控制开关等）应合理分区，区别明显，不同单元之间宜采用醒目线条、终端端子等予以隔离。

2）继电保护和安全自动装置（含二次回路及电源、出口）检修应有明显指示，表示设备已退出运行。

3）在正常运行中二次设备的重要按钮（装置重启、复位、电源等）应做好防误碰的安全措施，并在按钮旁贴有醒目标签加以说明。

4）变电站加装的二次设备位置指示或位置信息取样装置应经试验不影响设备的运行和使用，并取得入网许可。变电站用于作为运行操作判据的安全措施可视化装置或二次安措校核系统，应经试验并经运行单位验收合格。这些装置或系统应按运行设备进行管理，明确运维责任并制定相关管理制度，规范使用。

5）智能变电站的二次信息应规范，二次设备状态和虚回路监视应规范统一。因装置原因无法将内部命名改为规范名称的，应编制对照表便于运维人员核对。

（2）管理措施。

1）应根据调度规程关于设备状态的定义，在运行规程上明确不同运行状态下各二次设备及相关交直流控制电源的投停状态，说明各压板、切换开关等的位置。

2）对压板操作、电流端子操作、切换开关操作、插拔操作、二次开关操作、按钮操作、定值更改等继电保护操作，现场专用运行规程应制定正确操作要求和防止电气误操作措施。

3）新设备投产前，应在现场专用运行规程中明确二次操作步骤和顺序，或拟定典型操作票，并经审核发布。

4）新设备投运前，应预先编制典型的二次工作安全措施票，并经审核批准发布。智能变电站应具备二次设备操作典型安措库。

5）继电保护及安全自动装置（包括直流控保软件）的定值或 SCD、CID 文件等其他设定值的修改应按规定流程办理，不得擅自修改。现场应对不同类型保护制定二次设备定值更改的安全操作规定，定值调整后应在调整侧调用新定值清单并核对确认后做好记录。远方调整定值后，应立即通知现场运维人员做好记录。

（3）作业中的安全规定。

1）继电保护及安全自动装置的运行操作应填写操作票。以下内容应填写在操作票上：

① 改变一、二次设备状态的操作，包括合上或断开控制回路或电流电压回路的控制开关、熔断器、电流端子，切换保护回路和自动化装置（投退压板、插拔）及操作前后的检查项。

② 智能变电站投退继电保护装置、监控系统和智能终端的检修压板（装置的检修压板）、软压板、出口硬压板及操作前后的检查项。

2）在运行设备的二次回路上进行拆、接线工作，在对检修设备执行隔离措施时，需拆断、短接和恢复运行设备有联系的二次回路工作等复杂保护装置或有联跳回路的保护装置工作，应填用二次工作安全措施票。二次工作安全措施按工作顺序填用，并在开工前填写完成并经审核批准，现场工作需要补充和更改二次安全措施应经班长或技术员审核批准、签发。以下内容应填写在二次工作安全措施票上：

① 检修开工时二次设备的状态，包括压板、操作把手、空气开关、定值区等的位置；

② 应投/退的发送和接收软压板、出口压板、检修压板；

③ 解开或恢复的交直流线、电流电压端子、信号线，断开或合上的交直流小开关、熔丝，拔出或插入的光纤；

④ 调试过程中改变的装置跳线及其他设定插件或小开关等。

3）二次设备检修后的传动试验应设置专责监护人，必要时由运维人员进行监护。

4）二次操作或二次设备消缺处理过程中，应防止一次设备无保护运行。一次设备送电前，应检查继电保护及安全自动装置已按要求投入运行。

5）发生二次设备通信中断导致防误闭锁逻辑无法正常工作时，不得对相关设备进行倒闸操作，如紧急情况下必须操作应按照防误装置解锁管理要求执行。

4. 倒闸操作防误管理

（1）变电运维人员倒闸操作必须使用防误装置，并按规定或设计要求的程序进行。

（2）一、二次设备命名标志完整、清晰、准确。

（3）在倒闸操作中防误闭锁装置出现异常，必须停止操作，应重新核对操作步骤及设备编号的正确性，查明原因。确系装置故障且无法处理时，履行审批手续后方可解锁操作。

（4）对于电动操作的隔离开关，运行操作禁止采用顶接触器及短接线的方式进行解锁操作。

（5）改变正常操作方式，如电动改手动、远方改就地等，均应在现场运行规程中明确改变的方法、改变后的操作步骤及改变操作方式后的注意事项。

附录A　现场标准化作业指导书（卡）范例

编号：Q/×××

220kV××变电站设备巡视作业指导书

（范本）

编写：_____　____年__月__日

审核：_____　____年__月__日

批准：_____　____年__月__日

作业负责人：

作业日期：　　年　月　日　时至　　年　月　日　时

××供电公司

1　范围

本指导书适用于×××kV××变电站设备全面巡视检查工作。

2　引用文件

Q/GDW 1799.1—2013　国家电网公司电力安全工作规程　变电部分

DL/T 572—2010　电力变压器运行规程

DL/T 724—2000　电力系统用蓄电池直流电源装置运行与维护技术规程

高压断路器运行规程（能源部电力司）

微机继电保护装置运行管理规程

国网（运检/3）828–2017　国家电网公司变电运维管理规定（试行）

3　巡视周期

每月按本指导书全面巡视一次。

4　巡视前准备

4.1　人员要求

√	序号	内容	备注
	1	作业人员经年度《变电安规》考试合格	
	2	人员精神状态正常，无妨碍工作的病症，着装符合要求	
	3	具备必要的电气知识，熟悉变电设备，持有本专业职业资格证书	

4.2　危险点分析

√	序号	内容
	1	误碰、误动、误登运行设备
	2	擅自打开设备网门，擅自移动临时安全围栏，擅自跨越设备固定围栏
	3	发现设备缺陷及异常时，单人处理
	4	发现缺陷及异常时，未及时汇报
	5	擅自改变检修设备状态，变更工作地点安全措施
	6	登高检查设备，如登上断路器机构平台检查设备时，感应电使人员失去平衡，造成人员碰伤、摔伤

√	序号	内容
	7	检查设备气泵、油泵等部件时，电机突然启动，转动装置伤人
	8	高压设备发生接地时，保持距离不够，造成人员伤害
	9	夜间巡视，造成人员碰伤、摔伤、踩空
	10	开、关设备门时振动过大，造成设备误动作
	11	随意动用设备闭锁万能钥匙
	12	在继电室使用移动通信工具，造成保护误动
	13	特殊天气未按规定佩戴安全防护用具
	14	雷雨天气，靠近避雷器和避雷针，造成人员伤亡
	15	进出高压室，未随手关门，造成小动物进入
	16	不戴安全帽、不按规定着装，在突发事件时失去保护
	17	未按照巡视线路巡视，造成巡视不到位，漏巡视
	18	使用不合格的安全工器具
	19	生产现场安全措施不规范，如警告标志不齐全、孔洞封锁不良、带电设备隔离不符合要求，易造成人员伤害
	20	人员身体状况不适、思想波动，造成巡视质量不高或发生人身伤害

4.3　安全措施

√	序号	内容
	1	巡视检查时应与带电设备保持足够的安全距离，$10kV \geq 0.7m$，$110\ kV \geq 1.5m$，$220kV \geq 3m$
	2	巡视检查时，不得进行其他工作（严禁进行电气工作），不得移开或越过遮栏
	3	高压设备发生接地时，室内不得接近故障点4m以内，室外不得靠近故障点8m以内。进入上述范围人员必须穿绝缘靴，接触设备的外壳和构架时，必须戴绝缘手套
	4	夜间巡视，应及时开启设备区照明（夜巡应带照明工具）
	5	开、关设备门应小心谨慎，防止过大振动
	6	在继电室禁止使用移动通信工具，防止造成保护及自动装置误动
	7	雷雨天气，接地电阻不合格，需要巡视高压室时，应穿绝缘靴，并不得靠近避雷器和避雷针
	8	进出高压室，必须随手将门锁好
	9	进入设备区，必须戴安全帽
	10	发现设备缺陷及异常时应及时汇报，采取相应措施，不得擅自处理
	11	巡视设备禁止变更检修现场安全措施，禁止改变检修设备状态
	12	严格按照巡视线路巡视
	13	巡视前，检查使用的安全工器具完好

续表

√	序号	内容
	14	进入 SF$_6$ 高压室，应提前通风 15min
	15	严禁不符合巡视人员要求者进行巡视

4.4 巡视工器具

√	序号	名称	规格	单位	数量	备注
	1	安全帽		顶	2	
	2	绝缘靴		双	2	
	3	望远镜		副	1	
	4	测温仪		台	1	
	5	应急灯		盏	1	
	6	钥匙		套	1	
	7	护目镜		个	2	

5 巡视路线图

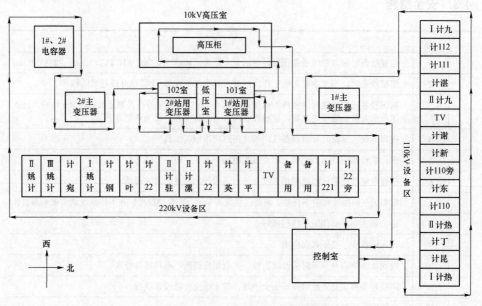

220kV××变电站设备巡视路线图

6 巡视卡（以一个间隔为例）

变电站名称：××变　　作业项目：一次设备巡视　　作业地点：计 22 旁间隔　　编号：01

设备名称	序号	巡视内容	巡视标准	×月／×日	×月／×日	×月／×日	×月／×日
计 22 旁间隔东、西母线	1	硬母线及接头	（1）检查伸缩接头有无松动、断片； （2）观察接头有无热气流、变色严重、氧化加剧、夜间熄灯察看有无发红等方法，检查是否发热； （3）雨雪天气，检查设备引线、线夹主导流接触部位、刀闸主接触部位，看有无积雪融化、水蒸气现象； （4）以上检查，若需要鉴定，应使用测温仪对设备进行检测； （5）检查母线固定部位有无窜动等应力现象； （6）无挂落异物				
	2	母线支柱绝缘子	无污脏、破损及放电迹象				
	3	构架	无锈蚀、变形、裂纹、损坏				
计 22 旁东隔离开关（GW6-220D）	1	触头、引线、线夹等主接触部位	（1）导线无断股； （2）触头接触良好； （3）观察接头有无热气流、变色严重、氧化加剧、示温片有无变色熔化、夜间熄灯巡视察看有无发红等方法，检查是否发热； （4）雨雪天气，检查设备引线、线夹主导流接触部位、刀闸主接触部位，对比有无积雪融化、水蒸气现象； （5）以上检查若需要鉴定，应使用测温仪对设备进行检测； （6）无挂落异物				
	2	瓷质部分	应完好、清洁，无破损、放电痕迹				
	3	操作机构	（1）防误闭锁装置锁具完好，闭锁可靠； （2）机械联锁装置应完整可靠； （3）机构箱门关闭严密				
	4	传动机构连杆	无弯曲变形、松动、锈蚀				
	5	接地刀闸	正常在"分"位，助力弹簧无断股，闭锁良好				

续表

设备名称	序号	巡视内容	巡视标准	×月 ×日	×月 ×日	×月 ×日	×月 ×日
计 22 旁 西隔离开关 （GW6-220）	1	触头、引线、线夹等主接触部位	（1）导线无断股； （2）触头接触良好； （3）观察接头有无热气流、变色严重、氧化加剧、示温片有无变色熔化、夜间熄灯巡视察看有无发红等方法，检查是否发热； （4）雨雪天气，检查设备引线、线夹主导流接触部位、刀闸主接触部位，对比有无积雪融化、水蒸气现象； （5）以上检查若需要鉴定，应使用测温仪对设备进行检测； （6）无挂落异物				
	2	瓷质部分	应完好、无破损、放电现象				
	3	操作机构	（1）防误闭锁装置锁具完好，闭锁可靠； （2）机械联锁装置应完整可靠； （3）机构箱门关闭严密				
	4	传动机构连杆	无弯曲变形、松动、锈蚀				
计 22 旁 断路器 （LW6-220）	1	断路器位置	分、合闸指示器指示正确，与实际运行状态一致				
	2	断路器液压操作机构油位、油色、压力表指示值及有无渗漏油	（1）断路器操作机构油箱油位不超过油位线正常范围，油色正常； （2）检查机构管路及各连接处无渗、漏油； （3）检查机构无异常声音、异味； （4）检查液压机构压力表指示，应在额定工作压力 31.6～32.6MPa（20℃时）范围内； （5）箱内照明良好				
	3	断路器套管、支持	（1）检查套管、支持绝缘子清洁、完好，无破损、裂纹、电晕放电声； （2）检查并联电容器无渗、漏油				
	4	断路器引线连接线夹	（1）检查断路器引线及线夹压接牢固、接触良好，无变色，铜铝过渡部位无裂纹； （2）利用检查导线及线夹的颜色变化、有无热气流上升、氧化加剧、示温片或变色漆有无融化变色现象、夜间熄灯察看有无发红等方法，检查是否发热； （3）雨雪天气，检查引线、线夹，对比有无积雪融化、水蒸气现象，进行检查是否发热； （4）以上检查若需要鉴定，应使用测温仪对设备进行检测； （5）检查高处的引线有无断股、烧伤痕迹，可使用望远镜				

设备名称	序号	巡视内容	巡视标准	×月／×日	×月／×日	×月／×日	×月／×日
计 22 旁断路器（LW6－220）	5	断路器 SF$_6$ 气体压力	（1）检查断路器 SF$_6$ 压力表指示，数值应在 0.6±0.15MPa（20℃时）范围，压力值应与环境温度应对应； （2）密度继电器完好、正常，无异常报警信号； （3）断路器本体周围无刺激性气味及其他异味、异常声音				
	6	断路器操作机构加热器、驱潮器、储能油泵、电机	（1）检查加热器、驱潮器完好，工作正常； （2）加热器、驱潮器开关正常应投"自动"位置，加热器在气温 10℃ 以上退出，5℃ 以下投入，驱潮器的凝露控制器应工作正常； （3）油泵无渗、漏油				
	7	断路器声音	断路器应无任何异常声音				
	8	端子箱	（1）端子箱内部清洁、箱门关闭严密； （2）二次线无松脱及发热变色现象； （3）电缆二次线孔洞封堵严密； （4）二次接线、元件、电缆、隔离开关、断路器、电流互感器等标志正确、清晰				
计 22 旁电流互感器（LCWB2－220）	1	油位	油位指示在上下限之间				
	2	瓷套	完好，无裂纹、损伤、放电现象				
	3	接头	无变色，压接良好，无过热变色现象				
	4	二次接线盒、放油阀	（1）放油阀关闭严密，无渗漏油； （2）二次接线盒无油迹				
	5	末屏	接地良好，无渗油				
计 22 旁甲隔离开关（GW7－220ⅡD）	1	触头、引线、线夹等主接触部位	（1）导线无断股； （2）触头接触良好； （3）通过观察接头有无热气流、变色严重、氧化加剧、示温片有无变色熔化、夜间熄灯巡视察看有无发红等，检查是否发热； （4）雨雪天气，检查设备引线及线夹主导流接触部位、刀闸主接触部位，对比有无积雪融化、水蒸气现象； （5）以上检查若需要鉴定，应使用测温仪对设备进行检测； （6）无挂落异物				

续表

设备名称	序号	巡视内容	巡视标准	×月/×日	×月/×日	×月/×日	×月/×日
计22旁 甲隔离开关 （GW7–220ⅡD）	2	瓷质部分	应完好、清洁，无破损、放电痕迹				
	3	操作机构	（1）防误闭锁装置锁具应完好，闭锁可靠； （2）机械联锁装置应完整可靠； （3）机构箱门关闭严密				
	4	传动机构连杆	无弯曲变形、松动、锈蚀				
	5	接地刀闸	正常在"分"位，助力弹簧无断股，闭锁良好				
计22旁 间隔旁母	1	硬母线及接头	（1）检查伸缩接头有无松动、断片； （2）通过观察接头有无热气流、变色严重、氧化加剧、夜间熄灯察看有无发红等，检查是否发热； （3）雨雪天气，检查设备引线及线夹主导流接触部位、刀闸主接触部位，看有无积雪融化、水蒸气现象； （4）以上检查若需要鉴定，应使用测温仪对设备进行检测； （5）检查母线固定部位有无窜动等应力现象； （6）无挂落异物				
	2	母线支柱瓷瓶	无污脏、破损及放电迹象				
	3	构架	无锈蚀、变形、裂纹、损坏				
计22旁间隔 设备基础	1	断路器钢基座	无锈蚀、固定牢固				
	2	混凝土基础及沟道	（1）基础完整，无裂缝、掉块； （2）金属部分无锈蚀，接地良好、无锈蚀； （3）沟道盖板齐全、完整、平整				

其余设备，略。

7　缺陷及异常记录

序号	设备名称	巡视时间	缺陷及异常内容

8　巡视签名记录

巡视时间	巡视范围	巡视人员	备　注

9　指导书执行情况评估

评估内容	符合性	优		可操作项	
		良		不可操作项	
	可操作性	优		修改项	
		良		遗漏项	
存在问题					
改进意见					

附录 B 现场应急处置方案范例

【范例一】应对暴雨洪水灾害现场应急处置方案

一、依据专项预案

依据《国网××供电公司防汛应急专项预案》。

二、工作场所

国网××供电公司所辖各变电站。

三、事件特征

梅雨季节或连续降雨、强降雨天气引发线路暴雨洪水灾害，对电力设备造成威胁和破坏。

四、应急组织形式及职责

1. 值班负责人

（1）组织指挥防汛抢险。

（2）开展自救和互救，尽量保全电网与设备。

（3）收集汇报设备运行和灾情信息。

2. 值班人员

（1）防汛抢险。

（2）开展自救和互救，尽量保全电网与设备。

（3）收集设备运行和灾情信息。

3. 变电站门卫

协助防汛抢险。

五、应急处置措施

1. 抢修现场所需物件

（1）排水泵、水管及沙袋等防汛物资。

（2）通信工具及上级电话号码。

（3）应急照明设备。

（4）救生衣、急救药品等。

（5）雨衣、雨鞋、防雨布、铁锹等设施。

2. 现场应急处置程序

（1）组织人员利用固定排水设施或安装临时排水设施进行排水，对进水点进行封堵。

（2）检查下水管、排水渠等设施通畅情况，观察变电站周围山体、河流等状况。

（3）检查设备运行情况，重点检查处于低位、易进水的电缆沟、端子箱、机构箱、汇控柜等。

（4）继保小室和主控室发生渗漏水且漏点可能危及二次屏或其他控制设备时，值班人员按以下原则进行处置：

1）将情况立即汇报值班调控人员、班组长或分管领导；

2）检查确认渗漏点，在漏点下方二次屏顶敷设防雨布，防止雨水溅落入屏，并做好跟踪检查；

3）若漏点面积较大且现场无法处理时，立即将情况汇报相应值班调控人员，将受影响设备停用，并断开相关交直流电源。

（5）当设备箱门进水时，值班人员应立即按以下原则进行处置：

1）对箱内积水进行处理、干燥；

2）检查确认渗漏点，用防雨布覆盖并绑扎牢固，同时做好跟踪检查；

3）若进水现场无法处理时，立即将情况汇报相应值班调控人员、班组长或分管领导，将受影响设备停役，并断开相关交直流电源。

（6）站内积水时，值班人员应立即按以下原则进行处置：

1）检查电缆层及设备场地积水情况，并立即汇报值班调控人员、班组长或分管领导；

2）因电缆沟排水不畅造成积水倒灌至电缆层时，有排水设施的，现场值班人员应立即开启排水泵排水；

3）通知应急人员立即将备用排水泵运抵现场，做好排涝抢险准备；

4）组织人员检查所区内外排水口是否堵塞，并尽力进行清理工作；

5）用沙袋等物堆砌，做好厂房防进水措施。

（7）及时向调控中心、分管领导汇报灾情信息，按照指令调整设备运行方式，保障电网运行，必要时请求人员、物资、装备支援。

（8）安排专人密切关注站内外水灾发展态势，当水位上涨威胁人身安全时要及时撤离，撤离前应采取设备停电等相关安全措施。

3. 现场应急处置流程图

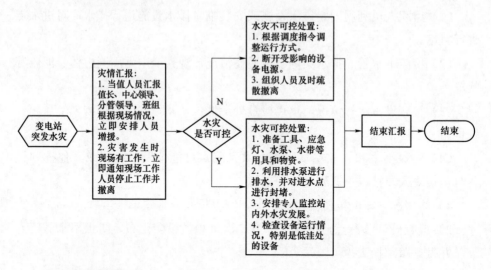

六、注意事项

（1）保持与当地气象、水利等相关部门的联系，实时掌握该地区汛情。

（2）在设备、厂房巡查期间，防止意外人身伤害事故。

（3）雷雨天气不准靠近避雷针和避雷器。

（4）安装临时排水泵应确保电缆线连接回路绝缘良好，并加装开关及漏电保护器，防止漏电触电。

七、应急通信联系

部门	姓名	手机	办公电话	岗位
火警电话				
医院急救电话				
应急指挥中心				
分管领导				
办公室				
运检部				
调控分中心				
变电运维工区				
变电检修工区				

【范例二】应对突发变压器火灾现场应急处置方案

一、依据专项预案

依据《国网××供电公司生产区域消防安全应急预案》。

二、工作场所

国网××供电公司所辖各变电站。

三、事件特征

着火时，变压器消防报警系统发出警报，变压器油色谱分析气体异常增加，主变压器冒烟、起火、喷油、爆炸，绝缘油到处流动燃烧造成火势蔓延。

四、应急组织形式及职责

1. 值班负责人

（1）组织灭火并报警。

（2）保障人员、设备安全。

（3）汇报火灾情况。

2. 值班人员

（1）灭火并报警。

（2）收集火灾信息。

3. 变电站门卫

协助灭火。

五、应急处置措施

1. 抢修现场所需物件

（1）火灾报警、自动喷淋等消防装置。

（2）灭火器、消防沙，消防斧、桶、锹等消防器材。

（3）防毒面具、正压式呼吸器等安全防护用品。

（4）应急照明设备。

（5）通信工具，上级及消防报警电话号码。

2. 现场应急处置程序

（1）查明火情，启动自动灭火装置，使用消防沙、灭火器等灭火。

（2）拨打"119"电话报警。

（3）按照值班调控人员指令停电隔离起火设备及受威胁的相邻设备，必要时先隔离再汇报。

（4）火势无法控制时，值班负责人组织人员撤至安全区域，防止爆炸伤人。

（5）配合专业消防人员灭火。

3．现场应急处置流程图

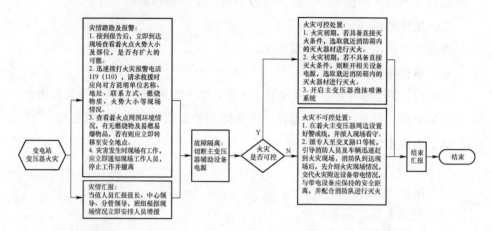

六、注意事项

（1）报警时应详细准确提供如下信息：单位名称、地址、起火设备、燃烧介质、火势情况、本人姓名及联系电话等内容，并指定派人在路口接应。

（2）扑救时，扑救人员应根据火情佩戴防毒面具或正压式呼吸器，防止中毒或窒息。

七、应急通信联系

部门	姓名	手机	办公电话	岗位
火警电话				
医院急救电话				
应急指挥中心				
分管领导				
办公室				
运检部				
调控分中心				
变电运维工区				
变电检修工区				

【范例三】应对外来人员强行进入变电站现场应急处置方案

一、依据专项预案

依据《国网××供电公司防恐应急预案》。

二、工作场所

国网××供电公司所辖各变电站。

三、事件特征

非本单位工作人员无理由强行进入变电站，影响变电站正常工作秩序或造成设备损坏及人身伤害。

四、应急组织形式及职责

1. 变电站门卫

（1）阻止外来人员强行进入变电站。

（2）将事件情况报告值班负责人。

2. 值班负责人

（1）阻止外来人员强行进入变电站。

（2）负责维护变电站安全运行。

3. 值班人员

（1）阻止外来人员强行进入变电站。

（2）负责维护变电站安全运行。

五、应急处置措施

1. 抢修现场所需物件

（1）防盗设施及视频监控系统。

（2）通信工具及上级、公安部门电话号码。

（3）照明器具、安保工具等。

2. 现场应急处置程序

（1）门卫人员询问强行进入人员身份及事由，并进行劝阻、警告和阻止，劝阻、警告无效时及时报告变电站值班负责人。

（2）值班负责人立即组织值班人员对外来人员进行劝导、阻止并采取必要的防范措施，防止外来人员对设备、设施进行破坏。

（3）事件有恶化态势时，拨打"110"电话报警。

（4）值班负责人将事件及采取措施等情况报告上级。

3. 现场应急处置流程图

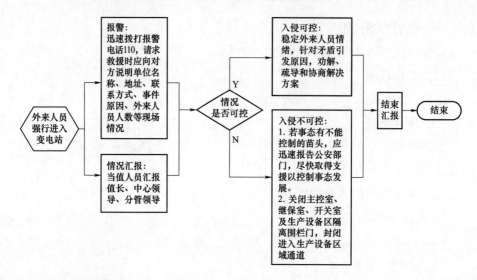

六、注意事项

（1）要妥善处理，防止激化矛盾而扩大事态。

（2）处置过程中要加强防范，注意自身安全。

（3）发现外来人员有寻衅滋事、盗窃、破坏等不良企图，应立即拨打报警电话，并注意保留相关影像资料。

七、应急通信联系

部门	姓名	手机	办公电话	岗位
火警电话				
医院急救电话				
应急指挥中心				
分管领导				
办公室				
变电运维工区				

【范例四】工作人员应对突发交通事故现场应急处置方案

一、依据专项预案

依据《国网××供电公司非生产车辆交通事故应急预案》。

二、工作场所

国网××供电公司车辆行驶途中。

三、事件特征

工作车辆在行驶途中发生交通事故，造成车辆受损、人员伤亡。

四、应急组织形式及职责

1. 驾驶员

（1）采取防次生事故措施。

（2）组织营救伤员，向有关部门报警。

（3）汇报本单位车辆管理部门，并保护现场。

2. 乘坐人员

（1）协助现场处置。

（2）当驾驶员伤亡时，履行驾驶员职责。

五、应急处置措施

1. 抢修现场所需物件

（1）通信工具、上级及公安消防部门电话号码。

（2）照明工具、灭火器、千斤顶、安全警示标志等工器具。

（3）急救箱及药品。

2. 现场应急处置程序

（1）发生交通事故后，驾驶员立即停车，拉紧手制动，切断电源，开启双闪警示灯，在来车方向 50～100m 处设置危险警告标志，如：在高速公路上，警告标志应设置在故障来车方向 150m 以外，夜间还需开启示廓和尾灯；组织车上人员疏散到路外安全地点。

（2）检查人员伤亡和车辆损坏情况，利用车辆携带工具解救受困人员，转移至安全地点。解救困难或人员受伤时，向公安、急救部门报警求助。

（3）现场抢救伤员，根据伤情采取止血、固定、预防休克等急救措施进行救治。

（4）事故造成车辆着火时应立即救火，并做好预防爆炸的安全措施。

（5）驾驶员将事故发生的时间、地点、人员伤亡等情况汇报本单位车辆管理部门。

（6）配合交警开展事故原因调查和责任界定。

3. 现场应急处置流程图

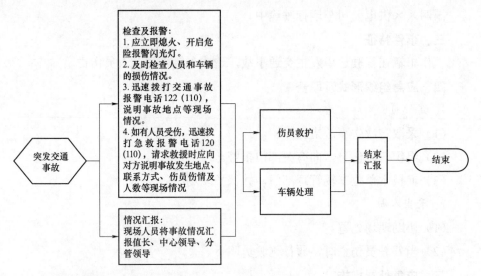

六、注意事项

（1）在伤员救治和转移过程中，采取固定等措施，防止伤情加重。

（2）发生交通事故时要保持冷静，记录肇事车辆、肇事司机等信息，保护好事故现场，并用手机、相机等设备对现场拍照，依法合规配合做好事件处理。

（3）在无过往车辆或救护车的情况下，可以动用肇事车辆运送伤员到医院救治，但要做好标记，并留人看护现场。

七、应急通信联系

部门	姓名	手机	办公电话	岗位
火警电话				
医院急救电话				
应急指挥中心				
分管领导				
办公室				
变电运维工区				

【范例五】应对危险化学品泄漏事件现场应急处置方案

一、依据专项预案

依据《国网××供电公司突发环境事件应急预案》。

二、工作场所

国网××供电公司危险品运输（保管、使用）过程中。

三、事件特征

SF_6 气体、变压器油在运输（保管、使用）过程中发生泄漏，可能危及人身设备安全或造成环境污染。

四、应急组织形式及职责

运输（保管、使用）人员：

（1）负责现场处置。

（2）组织现场疏散。

（3）负责向外部求救。

（4）向现场负责人和工区领导报告。

五、应急处置措施

1. 抢修现场所需物件

（1）防护服、防毒面具、手套、防护眼镜等防护用品和储存临时漏油的容器等。

（2）通信工具及常用电话号码。

（3）急救药品、肥皂或清洁剂等。

2. 现场应急处置程序

（1）化学危险品泄漏事件发生后，现场人员应尽快撤离到上风口位置、远离低洼处，用湿毛巾捂住口鼻。

（2）现场负责人组织现场人员进行事故应急处理，根据现场情况，指挥警戒及疏散工作。

（3）向分管领导汇报，必要时请求外部支援。

3. 现场应急处置流程图

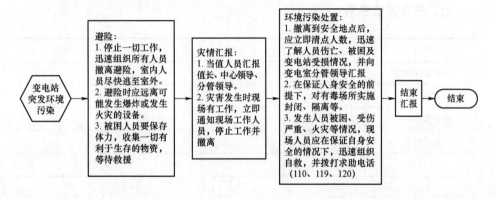

六、注意事项

（1）SF_6 室内气体配电装置、气体钢瓶发生大量泄漏或设备爆炸等紧急情况时，人员应迅速撤出现场，开启全部通风系统进行排风。

（2）经过充分通风后用仪器检测 SF_6 气体是否合格，用仪器检测含氧量（不低于 18%）合格后，人员才准进入。进入事故核心区域的人员应穿防护服、佩戴防毒面具或正压式空气呼吸器。

（3）如人员出现气体中毒现象，如不同程度的流泪、打喷嚏、鼻咽喉热辣感、头昏、恶心、胸闷等不适症状，应将人员迅速撤离现场，转移到通风处休息。有条件时给予吸氧，同时联络医疗部门救治。

（4）现场救护人员应及时拨打 120 急救电话，说明具体地点、受伤人员情况、报警人联系电话等。

（5）处置 SF_6 泄漏事故时，必须加强个人防护，清出的吸附剂、粉末等应放入 20%氢氧化钠溶液浸泡 12h 后深埋。更换下来的密封圈、全部揩布与纸也做深埋处理。

（6）事故处理后，应将所有防护用品、设备清洗干净，工作人员要洗澡。

（7）发生油污染事故时，首先应找到油污染源头，立即进行堵截。

1）如漏油随水体排放到外环境，应立即在排放口溢油现场布放围油栏，包围水面溢油，防止溢油扩散，减少污染面积。

2）当溢油被封圈聚拢后，根据水面油的厚度，如油量大，用收油器来收取溢油，少量的用吸油毡吸附。

3）对于水体油污染进行处理后，应联系环境监测部门对处理后水体含油量进行检测，看有否达到国家标准。

4）油泄漏事故后应及时消除设备或油池等泄漏缺陷，以防再次发生事故。

七、应急通信联系

部门	姓名	手机	办公电话	岗位
医院急救电话				
应急指挥中心				
交警指挥中心				
分管领导				
办公室				

续表

部门	姓名	手机	办公电话	岗位
运检部				
调控分中心				
变电运维工区				
变电检修工区				